# 计算机基础导论

主编　杨平乐　陆芷

中国矿业大学出版社
·徐州·

## 内 容 提 要

本教材涵盖了计算机基础知识、计算机系统结构、网络知识、操作系统、基本数据结构与算法、程序设计基础、软件工程基础、数据库设计基础、物联网基础、人工智能基础、机器学习基础、云计算基础和区块链基础相关内容。教材内容体现知识与能力并重，既注重学生对计算机相关理论的学习，又注重学生实际操作能力的培养。以基本技能和知识点为基础，辅以大量的实例为导引，帮助学生轻松掌握计算机基本知识与操作技能，并做到活学活用。

本书可作为非计算机专业的计算机基础课程的教材，也可供对信息技术感兴趣的自学者参考。

**图书在版编目(CIP)数据**

计算机基础导论 / 杨平乐，陆芷主编. —徐州：中国矿业大学出版社，2024.3

ISBN 978-7-5646-6174-8

Ⅰ. ①计… Ⅱ. ①杨… ②陆… Ⅲ. ①电子计算机—基本知识 Ⅳ. ①TP3

中国国家版本馆 CIP 数据核字(2024)第 043747 号

**书　　名**　计算机基础导论
**主　　编**　杨平乐　陆　芷
**责任编辑**　潘俊成
**出版发行**　中国矿业大学出版社有限责任公司
（江苏省徐州市解放南路　邮编 221008）
**营销热线**　(0516)83885370　83884103
**出版服务**　(0516)83995789　83884920
**网　　址**　http://www.cumtp.com　**E-mail**:cumtpvip@cumtp.com
**印　　刷**　江苏淮阴新华印务有限公司
**开　　本**　787 mm×1092 mm　1/16　**印张** 9.5　**字数** 243 千字
**版次印次**　2024 年 3 月第 1 版　2024 年 3 月第 1 次印刷
**定　　价**　30.00 元
（图书出现印装质量问题，本社负责调换）

# 《计算机基础导论》
# 编写人员名单


主　编　杨平乐　陆　芷

副主编　魏　力　周海燕

编　委　胡　妍　赵小阳　姜　丽　易殿红

# 前　言

在21世纪信息时代，计算机科学已经渗透到我们生活的方方面面，从日常娱乐到前沿科学研究，从简单的信息检索到复杂的机器学习，计算机科学无处不在。对于许多初学者来说，如何入门并深入了解这个充满挑战和机遇的领域，是一个迫切需要解决的问题。本书兼顾学科的广度和深度，旨在为读者提供一个清晰、全面的计算机科学入门指南。

计算机的发展历史可以追溯到古代的计算工具，如算盘。然而，现代计算机的发展始于20世纪中叶。20世纪40年代，第一台电子计算机诞生，主要用于解密和军事计算。随后的50年代，计算机语言和操作系统开始发展，为计算机的编程和操作提供了更便捷的方式。同一时期，达特茅斯会议的召开确立了人工智能的概念，并将其作为独立的学科领域，推动了其研究和应用的进一步发展。20世纪60年代，集成电路的出现推动了计算机硬件的迅速发展，大大提升了计算机的性能和功能。20世纪70年代，个人计算机的逐渐兴起，使计算机的普及成为可能。20世纪80—90年代，互联网的发展引领了计算机应用方式的彻底改变，网络成为信息交流和资源共享的重要渠道。进入21世纪至今，移动计算和云计算的兴起成为计算机科学发展的新趋势，人们可以随时随地通过移动设备进行计算和访问云端服务。这些重要的历史事件记录了现代计算机科学和技术的发展轨迹，也为人们理解计算机科学和技术的基本原理和功能提供了重要的背景和清晰的历史脉络。

随着人工智能、机器学习、云计算等领域的不断突破，计算机变得更加智能和高效。未来的计算机系统将能够更好地理解和处理复杂的数据，从而帮助人们解决更加困难的问题。同时，边缘计算和物联网的发展将使计算机技术能够更好地融入人们的日常生活，实现智能家居、智慧城市等应用。另外，计算机技术在医疗、环保、能源等领域的应用也将得到进一步发展，为人类社会带来更多的便利和进步。未来的计算机技术还将注重可持续发展，包括提高能源效率和环境保护等方面的创新。总的来说，计算机技术的未来将会朝着更加智能和高效的方向发展，并融入人们日常生活的方方面面，为人类社会带来更多的创新和进步。

本书将引导读者逐步探索计算机科学的核心概念和原理。全书内容如下：第1章介绍计算机的发展历史、特点和应用，为读者提供全面的背景知识；第2

章介绍信息和数据在计算机中的表示方法，帮助读者理解计算机的基本数据处理原理；第 3 章介绍计算机内部的硬件系统，包括计算机的基本组成结构、CPU 的主要组成和性能参数、存储器和 I/O 接口等；第 4 章介绍计算机网络和网络安全的基本概念，以及相关应用和病毒防御方法；第 5 章介绍物联网的定义、特点、常用技术和应用；第 6 章介绍结构化程序设计和面向对象程序设计的基本概念，以及算法的概念和常用的数据结构；第 7 章、第 8 章分别介绍人工智能和机器学习的基本概念和应用，帮助读者了解人工智能和机器学习在现代计算机科学中的重要性和应用领域；第 9 章介绍数据库的基本原理和管理方法，以及大数据的处理和分析技术；第 10 章介绍云计算基础，包括云计算的概念、特点、应用和关键技术等。

本书内容全面丰富，旨在为读者对计算机科学和技术的学习提供有益引导，帮助读者轻松掌握计算机基本知识与操作技能，并做到活学活用。

本书由杨平乐、陆芷担任主编，中国矿业大学徐海学院魏力、周海燕担任副主编，胡妍、赵小阳、姜丽、易殿红担任编委。研究生陈琳琳和贺杰栋等参与了资料收集、图表整理和文字校订等工作。此外，还有其他老师和同学参与了本书内容的讨论。在此一并表示诚挚的感谢。

在本书的编写过程中，编者阅读参考了大量国内外教材、专著、论文和资料，努力根据计算机学科的新发展、新技术，有选择地把它们纳入教材。

由于编者水平所限，书中难免有不足之处，敬请读者批评指正。

**编　者**

2024 年 1 月

# 目　录

# 第 1 章　计算机基础与计算思维

计算机的诞生与发展，给人类社会带来了巨大的变化。随着社会的进步和科学技术的发展，计算机的应用已经渗透到社会生活的各个领域。正如大家已经感受到的，人类社会正在从信息化、数字化时代迈向智能化时代。计算机的应用能力已经成为个人适应现代化社会的基本能力。

本章重点介绍计算机的发展历史及计算机的特点、分类和应用。

本章学习目标与要求：

(1) 了解计算机发展历史。

(2) 了解计算机分类。

(3) 掌握计算机特点。

(4) 掌握计算机应用领域。

(5) 了解计算思维概念。

## 1.1　计算机的诞生与发展

### 1.1.1　早期计算机

人类早期的计算工具都属于手工计算工具，如从最早的石块、贝壳、结绳，到算筹、算盘、计算尺等。算盘被认为是最早的计算机，公元前 5 世纪中国人发明的算盘广泛应用于商业贸易中，且一直使用至今。17 世纪，计算设备有了第二次重要的进步。法国数学家帕斯卡(B. Pascal)发明了自动进位加法器，此后德国数学家莱布尼茨(G. W. Leibniz)改进了自动进位加法器，增加了乘法计算。后来，法国人托马斯(C. X. Thomas)发明了可以进行四则运算的计算器。英国数学教授巴贝奇(C. Babbage)发现，常用的计算设备中有许多错误，于是开始设计分析机(analytical engine)。分析机的设计理念和现代计算机有异曲同工之处。虽然该设计最终并未完成，但是它描绘出了现代通用计算机的基本功能，实现了概念上的重大突破，所以通常认为现代计算机的真正起源来自巴贝奇。

### 1.1.2　现代计算机的发展

1946 年 2 月 14 日，标志着现代计算机诞生的 ENIAC(electronic numerical integrator and computer，电子数字积分计算机)在美国公之于世，如图 1-1 所示。ENIAC 的研发得到了美国国防部的资助，并用来计算炮弹弹道轨迹。ENIAC 代表了计算机发展史上的里程碑，它在不同部分之间进行重新接线编程，并且拥有并行计算能力。

图 1-1　ENIAC

#### 1.1.2.1　第一代——电子管计算机(1946—1958 年)

第一台计算机 ENIAC 共使用了 17 468 根真空电子管,功率 150 kW,占地面积 170 $m^2$,质量达 30 t。其运算速度为每秒 5 000 次加法或 400 次乘法。

第一代计算机的特点是操作指令为特定任务而编制,这是因为研制电子计算机的想法产生于第二次世界大战期间。其特征主要有两个方面,一是使用的计算机语言主要是机器语言和汇编语言,由于每种机器都有各自不同的机器语言,因此程序的可移植性差;二是使用真空电子管(图 1-2)和磁鼓储存数据。

图 1-2　电子管

机器语言或称为二进制代码语言,是第一代语言,它是计算机诞生和发展初期使用的语言,可以被计算机直接识别,不需要进行任何翻译。每台机器的指令,其格式和代码所代表的含义都是硬性规定的,故称之为面向机器的语言,也称为机器语言。机器语言对不同型号的计算机来说一般是不同的。

汇编语言被称为第二代语言,也称为符号语言。它始研于 20 世纪 50 年代初,用助记符来表示每一条机器指令,如 ADD 表示加法,SUB 表示减法等。这样,每条指令都有明显的符号标识。

#### 1.1.2.2　第二代——晶体管计算机(1958—1964 年)

第二代电子计算机是用晶体管(图 1-3)制造的计算机。第二代电子计算机的体积大大减小,寿命延长,价格降低,电子线路的结构得到很大改观,为电子计算机的广泛应用创造了条件。

第二代电子计算机不仅保留“定点运算制”,还增加了“浮点运算制”,使数据的绝对值可

图 1-3 晶体管

达到2的几十次方至几百次方，这也是电子计算机计算能力的一次飞跃。

这一时期，出现了更高级的 Cobol 和 Fortran 等程序设计语言，使计算机编程更容易。高级语言也被称为算法语言，它的特点是与人们日常所熟悉的自然语言和数学语言更接近，可读性强，编程方便。用高级语言编写成的程序一般可以在不同的计算机系统上运行，尤其是有些标准版本的高级算法语言，在国际上都是通用的。这些高级语言在编程中需要给出算法的每一个步骤，编程时需要一步一步地安排好机器的执行顺序，要告诉机器怎么做，因此被称为面向过程的语言，也被称为第三代语言。新的职业（如程序员、分析员和计算机系统专家）和整个软件产业由此诞生。

#### 1.1.2.3 第三代——中小规模集成电路计算机(1964—1972年)

集成电路(integrated circuit，IC)是在1958年由美国工程师基尔比(J. Kilby)发明的，如图1-4所示。采用一定的工艺，把元件集成到硅片或半导体芯片上，计算机变得更小，功耗更低，速度更快。同时，该阶段还出现了操作系统，使得计算机在中心程序的控制协调下可以同时运行多个不同的程序。

图 1-4 集成电路芯片

1965年，Intel公司的创始人之一摩尔(G. E. Moore)通过对集成电路发展情况的总结，提出了著名的摩尔定律，即集成电路上可以容纳的元件数目，一般每隔18～24个月便会增加一倍，性能也将提升一倍。但随着晶体管电路逐渐接近性能极限，这一定律终将走到尽头。

根据所包含的晶体管、电阻、电容的数目，可将集成电路分为小规模集成电路(small scale integration，SSI)、中规模集成电路(medium scale integration，MSI)、大规模集成电路(large scale integration，LSI)、超大规模集成电路(very large scale integration，VLSI)、极大规模集成电路(ultra large scale integration，ULSI)。集成电路的分类如表1-1所示。

**表 1-1　集成电路的分类**

| 集成电路规模 | 集成度(电子元件数)/个 |
|---|---|
| 小规模集成电路(SSI) | ＜100 |
| 中规模集成电路(MSI) | 100～1 000 |
| 大规模集成电路(LSI) | 1 000～10 万 |
| 超大规模集成电路(VLSI) | 10 万～100 万 |
| 极大规模集成电路(ULSI) | ＞100 万 |

按所用晶体管结构、电路和工艺，可将集成电路分为双极型(bipolar)集成电路、金属-氧化物-半导体(metal oxide semiconductor，MOS)集成电路、双极-金属-氧化物-半导体(bipolar and MOS，Bi-MOS)集成电路。

按电信号类型和集成电路功能，可将集成电路分为数字集成电路和模拟集成电路(线性电路)。数字集成电路有逻辑电路、存储器、微处理器、微控制器、数字信号处理器等；模拟集成电路有信号放大器、功率放大器等。

按用途，可将集成电路分为通用集成电路和专用集成电路(application specific integrated circuit，ASIC)。

#### 1.1.2.4　第四代——大规模、超大规模集成电路计算机(1972 年至今)

大规模集成电路(LSI)在芯片上可容纳几千个元件。到了 20 世纪 80 年代，超大规模集成电路(VLSI)在芯片上可容纳几十万个元件，后来的极大规模集成电路(ULSI)将这一数字扩充到百万级。计算机运算速度从每秒几千万次发展到每秒几百亿次，其功能和性能大大提高。

20 世纪 70 年代中期至今，计算机制造商不断地为用户提供易学易用的操作系统，用户可以直接用鼠标操作计算机。与此同时，互联网技术、多媒体技术也得到了空前的发展，计算机真正开始改变人们的生活。

四代计算机特点如表 1-2 所示。现代计算机发展的四个阶段如图 1-5 所示。

**表 1-2　四代计算机的特点**

| 计算机 | 第一代 | 第二代 | 第三代 | 第四代 |
|---|---|---|---|---|
| 时间 | 1946—1958 年 | 1958—1964 年 | 1964—1972 年 | 1972 年至今 |
| 物理器件 | 电子管 | 晶体管 | 中小规模集成电路 | 大规模、超大规模集成电路 |
| 特征 | 体积大、耗电高、可靠性差，运算速度每秒几千次 | 体积缩小、可靠性增强，运算速度每秒几十万次 | 体积进一步缩小，运算速度每秒达几十万至几百万次 | 体积更小，运算速度每秒达几千万至几百亿次 |
| 语言 | 机器语言、汇编语言 | 高级语言 | 操作系统、会话式语言 | 网络操作系统、关系数据库、第四代语言 |
| 应用范围 | 科学计算 | 科学计算、数据处理、自动控制 | 科学计算，自动控制，数据、文字和图形处理 | 网络，增加了图像识别、语音识别和多媒体应用 |

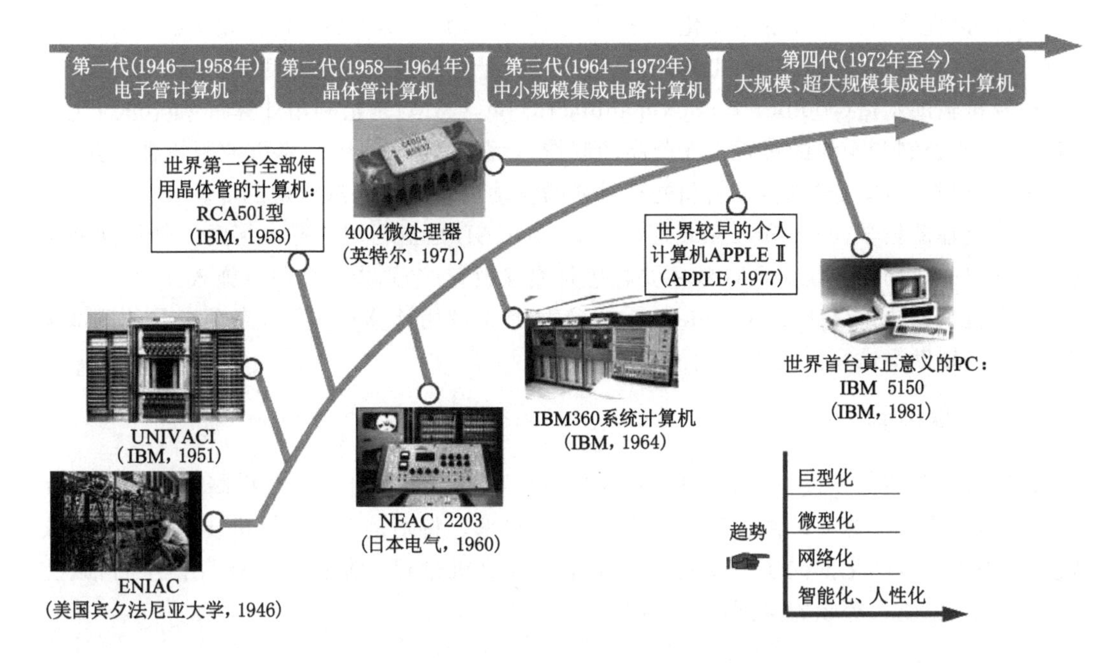


图 1-5　现代计算机发展的四个阶段

# 1.2　计算机的应用

当今社会，计算机的应用非常广泛，已扩展到社会的各个领域，正在改变甚至取代传统的工作、学习和生活方式，推动着科技发展和社会进步。计算机的应用领域可概括为以下几方面。

## 1.2.1　科学计算

科学计算(或数值计算)是指利用计算机完成科学研究和工程技术中遇到的数学问题的计算。其主要应用有高能物理、工程设计、地震预测、气象预报、航天技术等领域，因此出现了许多新兴学科如计算力学、计算物理、计算化学、生物控制论等。

## 1.2.2　数据处理

数据处理(或信息处理)是对各种数据进行收集、存储、整理、分类、统计、加工、利用、传播等一系列活动的统称，目前也是计算机应用最广泛的一个领域。据统计，80%以上的计算机主要用于数据处理，这类工作量大面宽，决定了计算机应用的主导方向，例如办公自动化、企业管理、物资管理、报表统计、信息情报检索等。

## 1.2.3　计算机辅助技术

计算机辅助技术包括计算机辅助设计、计算机辅助制造、计算机辅助教学和计算机辅助测试等。

计算机辅助设计(computer aided design，CAD)是指利用计算机来帮助设计人员进行工程设计，以提高设计工作的自动化程度，节省人力和物力，实现最佳设计效果的一种技术。目前，此技术已经在电路、机械、土木建筑、服装等设计中得到了广泛应用。

计算机辅助制造(computer aided manufacturing，CAM)是指利用计算机系统进行生产设备的管理、控制和操作的过程。在产品的制造过程中，可以利用计算机控制机器的运行，处理生产过程中所需的数据，控制和处理材料的流动以及对产品进行检测等。

计算机辅助教学(computer aided instruction，CAI)是指利用计算机帮助教师授课和帮助学生学习的自动化系统。CAI的主要特色是交互教育、个别指导和因材施教。

计算机辅助测试(computer aided test，CAT)是指利用计算机进行复杂而大量的测试工作。计算机辅助测试可以用在不同的领域。

### 1.2.4 过程控制

计算机过程控制不仅可以大大提高控制的自动化水平，而且还可以提高控制的及时性和准确性，从而改善劳动条件、提高产品质量及合格率。特别是引入计算机技术的智能化仪器仪表，将工业自动化推向了一个更高的水平。计算机过程控制已在机械、冶金、石油、化工、纺织、水电、航天等领域得到广泛应用。

### 1.2.5 人工智能

人工智能(artificial intelligence，AI)，或称智能模拟，是研究利用计算机模拟人类智能活动的理论和技术，譬如感知、推理、自主学习、问题求解和图像识别等。人工智能的研究已经取得不少成果，如计算机视觉、专家系统、无人驾驶汽车、智能机器人等。其中，火爆全球的ChatGPT，是人工智能研究实验室OpenAI新推出的一种人工智能技术驱动的自然语言处理工具，它能够基于在预训练阶段所见的模式和统计规律来生成回答，还能根据聊天的上下文进行互动，真正像人类一样来聊天交流，甚至能完成撰写邮件、视频脚本、文案以及翻译、编写代码、写论文等任务。

### 1.2.6 网络应用

计算机网络将计算机技术与现代通信技术结合在一起。计算机网络的建立，解决了不同地区不同距离计算机间的通信问题，实现了资源共享，也促进了国际间的文化和技术交流。

## 1.3 计算机的特点

计算机存储程序原理是由美籍匈牙利数学家冯·诺依曼提出的，该原理至今仍然是计算机内在的基本工作原理。计算机不仅可以存储程序，而且还能自动连续地对各种数字化信息进行算术、逻辑运算。概括起来，计算机主要有以下几个显著特点。

1. 自动化程度高

计算机是由程序控制其操作过程的。一旦输入所编制好的程序，计算机就能在程序控制下自动进行运算，完成任务处理。存储程序是计算机工作的一个重要原则，这是计算机能自动处理的基础，同时也是它和其他计算工具最本质的区别。

2. 运算速度快

计算机的运算速度指的是每秒钟所能执行指令的数目。2023年，国际组织“TOP500”发布的全球超级计算机500强，位列榜首的超级计算机峰值运算速度可达1 194.00 PFlop/s（1 PFlop/s$=10^{15}$次浮点运算/s）。计算机高速的运算能力，为完成那些计算量大、时间性要求高的工作提供了保证，如高阶线性代数方程的求解、弹道的分析和计算、人口普查等超大量数据的检索处理等。

3. 计算精度高

计算机采用二进制进行计算，通过增加表示数字的设备和使用运算技巧等手段，数值计算的精度越来越高。具体来说，可根据需要获得千分之一到几百万分之一的精度，甚至可以设置更高的精度。如今，利用计算机可以精确地计算出到小数点后200万位的$\pi$值。

4. 逻辑运算能力强

计算机不仅能进行算术运算，同时也能进行各种逻辑运算。计算机的逻辑运算能力也是计算机智能化必备的基本条件。将计算机的算术运算能力、逻辑运算能力和记忆能力三者紧密结合，可使计算机的能力远超其他工具，成为人类脑力延伸的得力助手。

5. 数据存储容量大

计算机能够长期储存大量数据和程序，还能随时对这些存储内容进行更新等操作。计算机的大容量存储特点为处理大数据量的信息带来方便。现在，一本词典的内容只需要一块不到1 MB的存储芯片就能够全部储存下来。

6. 可靠性高

采用大规模和超大规模集成电路制造的计算机，具有非常高的可靠性，平均无故障运行时间可达到以年为单位。

7. 通用性强

计算机采用数字化信息表示数值与其他各种类型的信息（如文字、图形、声音等），因此，计算机既可以进行数值运算，也可以进行非数值运算。计算机正因为具有极强的通用性，才能应用于科学技术的各个领域，并渗透到社会生活的方方面面。

8. 支持人机交互

计算机利用输入/输出设备，加上适当的软件，即可支持人机交互。最广泛使用的输入设备主要有鼠标和键盘。用户只需在鼠标或键盘上轻点手指，就可以让计算机完成某种操作或功能，同时，这种交互性与声像技术结合就形成了多媒体。

正是基于上述特点，计算机能够模拟人类的运算、判断、记忆等一些思维能力，代替人类的部分脑力劳动和体力劳动，按照人的意愿自动地工作，因此计算机才有了第二个名称：电脑。但是计算机的一切活动又要受到程序的控制，所以它只是人脑的补充和延伸，起到辅助和提高人类思维能力的作用。

## 1.4　计算机的分类

通常，人们用“分代”表示计算机在纵向的历史中的发展情况，而用“分类”表示计算机在横向的地域上的发展、分布和使用情况。

根据处理数据的不同，计算机可分为模拟计算机和数字计算机两大类。模拟计算机处理的数据是连续的模拟量，数字计算机处理的数据是二进制数字，目前普遍使用的是处理数字信息的数字计算机。

根据用途计算机可分为专用计算机和通用计算机。专用计算机针对某类特定问题能显现出最高效、最快速和最经济的特性，但它的适应性较差，只适用于特定领域，如在导弹和火箭上使用的计算机绝大部分都是专用计算机。通用计算机适应性很强，应用面很广，但其运行效率、速度和经济性依据不同的应用对象会受到不同程度的影响。

根据规模、速度和功能等计算机又可分为巨型机、大型机、中型机、小型机、微型机及单片机。根据美国电气和电子工程师协会(Institute of Electrical and Electronics Engineers, IEEE)1989 年提出的标准，可将计算机分成巨型机、小巨型机、大型机、小型机、个人计算机和工作站。

### 1.4.1 巨型机

巨型机也称为超级计算机，在所有的计算机类型中其体积最大、价格最贵、功能最强、浮点运算速度最快。巨型机的研制水平、生产能力及应用程度，也是衡量一个国家科学和经济实力的重要标志之一。

目前我国运行最快的超级计算机——神威·太湖之光(图 1-6)，由国家并行计算机工程技术研究中心研制，安装在国家超级计算无锡中心，主要用于医疗研究和自然灾害预防等项目。神威·太湖之光超级计算机安装了 40 960 个中国自主研发的申威 26010 众核处理器，该众核处理器采用 64 位自主神威指令系统，峰值性能为 12.5 亿亿次/s，持续性能为 9.3 亿亿次/s，核心工作频率为 1.5 GHz。2023 年，全球超级计算机 500 强榜单公布，神威·太湖之光排名第七位。

图 1-6　神威·太湖之光

### 1.4.2 小巨型机

小巨型机与巨型机功能相同，但使用了更加先进的大规模集成电路与制造技术，因此体积更小、成本更低，甚至可以做成台式机形式，这便于巨型机的推广。

### 1.4.3 大型机

大型机也称为主机，它是指运算速度快、处理能力强、存储容量大、可扩充性好、通信联网功能完善、有丰富系统软件和应用软件的规模较大且价格较高的计算机。通常主机中的

CPU个数为4、8、16、32个甚至更多。美国IBM公司生产的IBM360、IBM9000系列，就是国际上具有代表性的大型主机。

### 1.4.4　小型机

小型机是一种结构紧凑，通常不超过一个机柜，并且性能适中的通用计算机，以DEC公司的VAX系列和IBM公司的AS/400系列为代表。小型机因结构简单、成本较低、操作方便、便于维护而得以广泛应用。

### 1.4.5　个人计算机

个人计算机(personal computer，PC)也称为PC机。美国Intel公司于1971年推出世界上第一片微处理器芯片，它的出现与发展推动了微小计算机的普及。随着芯片性能的提高，PC机使用的微处理器芯片集成度每两年翻一倍。

PC机分为台式机和便携机两大类。前者适合在办公室或家庭使用；后者体积小、质量轻，便于携带外出，性能和台式机相当，但是价格是台式机的1～2倍。

### 1.4.6　工作站

工作站是一种介于PC机和小型机之间的高档计算机。工作站通常配有高分辨率的大尺寸显示器和大容量存储器，具有较高的运算速度和强大的图形处理功能。

纵观计算机的发展历史不难看出，计算机未来仍然向着巨型化、微型化、网络化、智能化的方向发展。

## 1.5　计算思维

### 1.5.1　什么是计算思维

计算机及网络的应用使人类社会的各个领域都发生了翻天覆地的变化，计算问题无处不在，计算机在解决各种计算问题时显示出了强大的优势。这里的计算，并非指纯粹的算术运算，而是指从已知的输入通过算法来取得一个问题的答案。为了解决计算问题，首先需要建立计算模型。所谓计算模型就是刻画计算这一概念的一种抽象的形式系统或数学系统。

先来看一个有趣的数学问题。一个农夫带着一只狼，一只羊，一棵白菜过河，由于船太小，一次只能装下农夫和另一样东西，无人看管时，狼吃羊，羊吃菜，那么怎样才能平安过河？

问题很简单，但如何用计算机求解呢？

首先进行抽象，农夫过河问题中，不断渡船改变的只是两岸的个体，所以只需要关注个体(农夫、狼、羊、白菜)状态的变化。农夫、狼、羊、菜四个个体都有两种状态，即没有过河和已经过河，但任何时刻每个个体的状态只有一种，可以依次用4位二进制数来分别代表农夫、狼、羊、菜的状态，0表示未过河，在原岸，1表示已过河，到达对岸。则起始状态为0000，目标状态为1111。

状态转换运算：共有8种过河动作(表1-3)。农夫单独过河，农夫带狼过河，农夫带羊过河，农夫带菜过河，农夫单独返回，农夫带狼返回，农夫带羊返回，农夫带菜返回。

**表 1-3　农夫过河动作**

| 过河 | 返回 |
| --- | --- |
| 农夫单独过河 | 农夫单独返回 |
| 农夫带狼过河 | 农夫带狼返回 |
| 农夫带羊过河 | 农夫带羊返回 |
| 农夫带菜过河 | 农夫带菜返回 |

优先级:农夫过河时,优先带货物;返回时优先不带货物。

理论上,四个个体用四位二进制数表示各自状态,共有 2 的 4 次方,即 16 种状态,从 4 个 0 变化到 4 个 1,但因为狼吃羊,羊吃菜的限制,部分状态是无法成立的,按农夫、狼、羊、菜的顺序来表示,1100 和 1001 的状态就是不允许的,因为 1100 代表农夫和狼在对岸、羊和白菜在原岸,1001 代表农夫和白菜在对岸、狼和羊在原岸。所以,经过分析可以得知这几个状态是不允许的:1100,1001,1000,0011,0110,0111。

接下来开始构造图,建立计算模型。首先构造节点,按照之前的约定,初始节点可以用 0000 来表示,目标节点就是 1111。

刚才已经分析了,由于部分状态无法成立,为了简化计算模型,可以把这六个节点(即 1100,1001,1000,0011,0110,0111)删除,把这 6 个节点删除后构造出来的图,如图 1-7 所示。

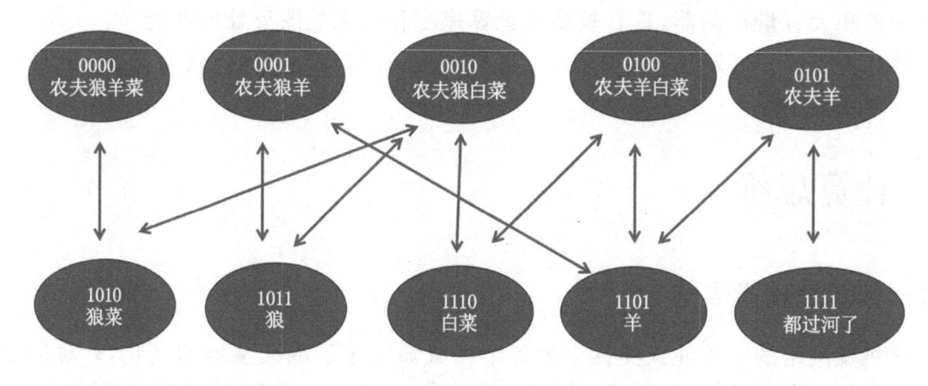


图 1-7　农夫过河问题初始图

接下来在剩下的 10 个节点之间来构造边,边就是两个节点之间的连接。中间有边的两节点必须符合农夫的状态在变,并且农夫不能留下羊和白菜自己离开,也不能留下狼和羊自己离开。把农夫在原岸的所有状态一一列出来,放在第一行,这些状态的特点是,对应第一位的状态为 0;同样,把农夫在对岸的所有状态也一一列出来,放在第二行,这些状态的特点是,对应第一位的状态为 1。接下来看如何构造边。例如,从 0000 初始状态开始,人要划船过河,所以人的状态必须发生变化,也就是说第一位的 0 在下一个状态要变为 1,再结合限制条件和优先级,人应该带着羊过河,所以下一个状态必须是 1010,第一个节点 0000 和第二个节点 1010 之间就可以构造一条边了,这里可以用双向箭头来表示,意味着人也可以带着羊再返回去,显然要避免这么做;接下来分析第二条边的构造,同理,人的状态必须要改变,而且返程优先不带货物,显然下一个状态应该是 0010,意味着农夫单独返回原岸,节点 1010 到节点 0010 之间就可以构造一条双向箭头表示的边了;继续往下构造边时,根据限定条件和优先级,可以有两种不同的方法,人如果带着狼过河,下一个状态就是 1110,人如果带着菜过河,下一个状态就是 1011,所以可以构造两条边,大家可以依次往下构造。

最终选出所有符合题意的节点和边后就构成了图。接下来就只要在状态变化图(图 1-8)中找到一条从 0000 到达 1111 的路径,这条路径所经过的中间状态量就是一个过河方案。

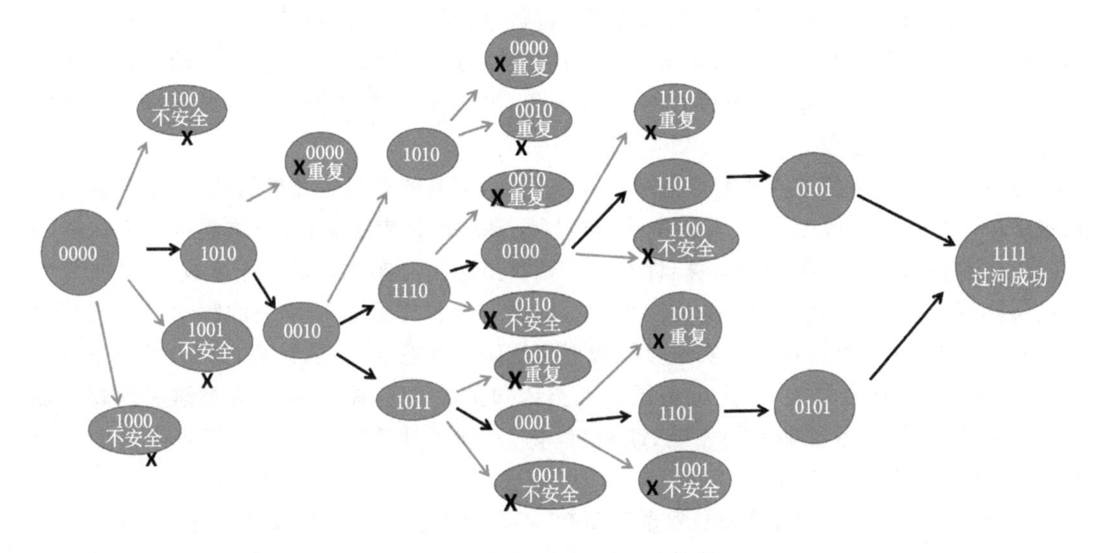


图 1-8　农夫过河问题状态变化图

分析到此,原先的难题就已经抽象成为计算模型了。接下来进行算法设计,并编程实现。农夫过河问题,有不同的解决方法,最简单的方法是一步一步根据限定条件和优先级进行试探,每一步都搜索所有可能的选择,对前一步合适的选择再考虑下一步的各种方案,要注意避免重复。通过运行程序,最终得出了两种过河方案(图 1-9)。

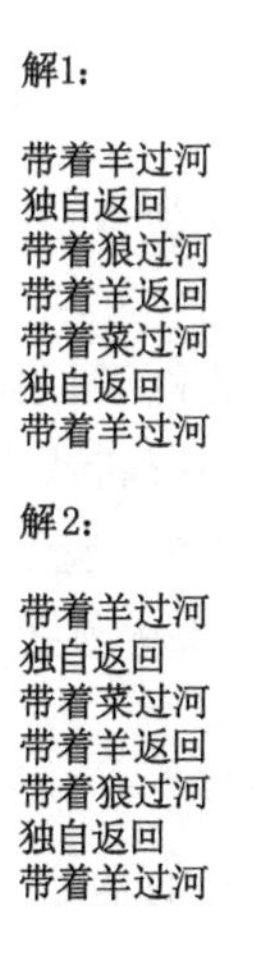
解1:

带着羊过河
独自返回
带着狼过河
带着羊返回
带着菜过河
独自返回
带着羊过河

解2:

带着羊过河
独自返回
带着菜过河
带着羊返回
带着狼过河
独自返回
带着羊过河

图 1-9　农夫过河问题答案

在这个例子中,后续的编程实现需要数据结构和算法的基础知识,暂且不去深入理解,但是在问题的分析过程中把所有个体的状态用 0 和 1 表示,并抽象成节点,构造状态图,从而建立可以用计算机实现的计算模型,这个用计算机解决实际问题的过程,就是计算思维。

图灵奖得主 E. W. Dijkstra 曾说过,"我们所使用的工具影响着我们的思维方式和思维习惯,从而也将深刻地影响着我们的思维能力"。计算工具的发展,计算环境的演变,计算科学的形成,计算文明的更迭中到处蕴含着思维的火花,这种思维活动在发展、演化、形成的过程中不断闪现,在人类科学思维中早已存在,并非一个全新概念。

比如,图灵提出用机器模拟人们用纸笔进行数学运算的过程,他把这样的过程看成两个简单的动作:① 在纸上写上或擦除某个符号;② 把注意力从纸的一个位置移动到另一个位置。图灵构造出这台假想的、被后人称为"图灵机"的机器,可用十分简单的装置模拟人类所能进行的任何计算过程。

这些思维活动虽然在人类科学思维中早已存在,但其研究过程比较缓慢,电子计算机的出现带来了根本性的改变。19 世纪中叶,布尔(G. Boole)发表了著作《思维规律研究》,成功地将形式逻辑归结为一种代数运算,即布尔代数。虽然当时布尔代数的产生被认为"既无明显的实际背景,也不可能考虑它的实际应用",但是一个世纪后这种特别的数学思维与工程思维互补融合,在计算机理论和实践领域放射出耀眼的光芒。可见,计算机把人的科学思维和物质的计算工具合二为一,大大拓展了人类认知世界的范围,提高了人类解决问题的能力。或者说,计算思维帮助人们发明、改造、优化、延伸了计算机,同时,计算思维借助计算机,其意义和作用进一步凸显。

美籍华人周以真(J. M. Wing)教授于 2006 年在其发表的一篇论文中提出,计算思维是(包括、涉及)运用计算机科学的基础概念进行问题求解、系统设计以及人类行为理解等涵盖计算机科学广度的一系列思维活动(智力工具、技能、手段),并从 6 个方面进行了阐述:① 计算思维是概念化思维,不是程序化思维;② 计算思维是基础的技能,而不是机械的技能;③ 计算思维是人的思维,不是计算机的思维;④ 计算思维是思想,不是人造品;⑤ 计算思维是数学和工程互补融合的思维,不是数学性的思维;⑥ 计算思维面向所有的人,所有领域。

### 1.5.2 计算思维的应用

计算思维正在或已经渗透到各学科、各领域,并正在潜移默化地影响和推动着各领域的发展,成为一种发展趋势。

在现实生活中,有很多应用计算思维的例子。例如,老师的办公桌上总是放着本学期需要用到的教材和资料,而上个学期的教材和资料或者长时间不用的书都转移到书柜里,这就是通过缓存和预提取提高效率的例子;再比如,超市结账时,排哪个队更快是多服务器系统的性能模型;电梯设计要求具备双电源,如果突然停电,会启用备用电源,这体现了设计的冗余性和通过备份提高容错能力的思想。

计算思维也深刻影响了其他学科的发展。

在神经科学中,大脑是人体中最难研究的器官,科学家可以从肝脏、脾脏和心脏中提取活细胞进行活体检查,但是从大脑中提取活检组织仍是个难以实现的目标。无法观测活的大脑细胞一直是精神病研究的障碍。精神病学家目前重换思路,从患者身上提取皮肤细胞,转成干细胞,然后将干细胞分裂成所需要的神经元,最后得到所需要的大脑细胞,从而在细胞水平上观测到精神分裂患者的脑细胞。类似这样的新的思维方法,为科学家提供了新的解决方案。

在物理学中,物理学家和工程师仿照经典计算机处理信息的原理,对量子比特中所包含的信息进行操控,如控制一个电子或原子核自旋的上下取向。与现在的计算机进行比对,量子比特能同时处理多个状态,意味着它能同时进行多个计算过程,这将赋予量子计算机超凡的能力,远远超过传统计算机。现在的研究集中在使量子比特始终保持相干,不受到周围环境噪声的干扰,如周围原子的"推推搡搡"。随着物理学与计算机科学的融合发展,量子计算机进入寻常百姓家将不再是梦想。

在地质学中,"地球是一台模拟计算机",用抽象边界和复杂性层次模拟地球和大气层,并且设置了越来越多的参数来进行测试,地球甚至可以被模拟成一个生理测试仪,跟踪测试不同地区人们的生活质量、出生和死亡率、气候影响等。

在社会科学中,网络是 Facebook 和 YouTube 等网站发展壮大的原因之一,统计机器学习被用于推荐和声誉排名系统。

在医疗中,我们看到机器人医生能更好地陪伴、观察并治疗自闭症,可视化技术使虚拟结肠镜检查成为可能等。我们也看到,在癌症研究中,计算机领域专家不留情面地指出:许多研究走入误区,只关注某一个问题出现的 DNA 片段,而不是把它们看成一个复杂的整体。因此,系统生物学被提上日程。癌症生物学家应该从全局考虑,并应该掌握非线性系统分析、网络理论,更新思维模式。

在环境学中,计算机可用来模拟暴风云的形成并预报飓风及其强度。最近,计算机仿真模拟表明空气中的污染物颗粒有利于减缓热带气旋的发展。因此,与污染物颗粒相似但不影响环境的气溶胶被研发并将成为阻止和减缓这种大风暴的有力手段。

在天文学中,利用计算机推导出不同年龄层次的恒星年龄和旋转速度之间的关系,再进行推理、建模,用以探索恒星的年龄之谜。

综上所述,计算思维在各领域得到广泛应用,并且可以提高解决问题的效率。大量复杂问题的求解、宏大系统的建立、大型工程的组织,都可应用计算思维借助现代计算机来进行模拟。

# 第2章 计算机中信息的表示与存储

信息技术在资料生产、科研教育、医疗保健、企业和政府管理以及家庭中得到了广泛的应用，对经济和社会发展产生了巨大而深刻的影响，从根本上改变了人们的生活方式、行为方式和价值观念。

信息是同物质和能源一样重要的资源，以开发和利用信息资源为目的的信息经济活动迅速扩大，成为国民经济活动的重要内容。以计算机、微电子和通信技术为主的信息技术革命是社会信息化的动力源泉。

计算机以高速的计算速度、海量的存储空间、丰富的色彩表现为多媒体的处理和应用提供了广阔的舞台。多媒体的开发和应用，使人与计算机之间的信息交流变得生动活泼、丰富多彩。

本章重点介绍信息、数据和数制的相关概念，信息和数据在计算机中的表示方法，以及多媒体信息技术的相关概念和常用媒体类型。

本章学习目标与要求：

(1) 了解信息与数据的相关概念。

(2) 掌握4种数制的表示方法、相互转换的原则与方法。

(3) 了解进制、基数、位权、模、定点数、浮点数、BCD码。

(4) 掌握原码、反码和补码的计算和相互转换方法。

(5) 掌握二进制数的算术运算规则和运算方法。

(6) 掌握二进制数的逻辑运算规则和运算方法。

(7) 了解西文字符编码。

(8) 了解汉字编码。

(9) 了解多媒体信息处理的基本概念和多媒体计算机系统的组成。

(10) 掌握音频、图像、视频信息的表示和处理方法，了解计算机动画的概念。

(11) 掌握数据压缩的概念，了解常用压缩标准的内容和用途。

(12) 了解多媒体文件的用途，掌握常用文件格式的用途。

(13) 了解各类多媒体处理工具的特点和作用。

## 2.1 数据与信息

信息(information)是指用某些符号传送的报道，而报道的内容是接收符号者预先不知道的。信息的基本形式可以是数据、符号、文字、语言、图像等，但是信息通常不能被计算机直接处理，而须将其进行转换。通常，将信息转换成计算机能直接处理的数据的过程称为“数字化”。

数据(data)是在计算机内部存储、处理和传输的各种“值”,是用来表征客观事物的一组文字、数字或符号,是信息的物理载体。数据可以通过各种介质传输,如电、磁、声、光等。数据可分为数值型数据和非数值型数据。数值型数据是用来描述基本定量的符号,如价格、长度等;非数值型数据是用来描述各种实物和实体属性的符号,如姓名、邮编、地址等。

数据与信息的区别是:数据处理之后产生的结果为信息,信息具有针对性、时效性。尽管这是两个不同的概念,但人们在许多场合把这两个词互换使用。信息有意义,而数据没有。例如,当测量一个病人的体温时,假如病人的体温是 39 ℃,则写在病历上的 39 ℃实际是数据。39 ℃这个数据本身是没有意义的,但是,当数据以某种形式经过处理、描述或与其他数据比较时,便被赋予了意义。例如,这个病人的体温是 39 ℃,这便是信息,这个信息是有意义的——39 ℃表示病人发烧了。

信息同物质、能源一样重要,是人类生存和社会发展的三大基本资源之一。可以说信息不仅维系着社会的生存和发展,而且对社会和经济的发展具有推动作用。

## 2.2　计算机中的数据

ENIAC 是一台十进制的计算机,它采用十个真空管来表示一位十进制数。冯·诺伊曼在研制存储程序计算机时,感觉这种十进制的表示和实现方式十分麻烦,故提出了二进制表示方法,从此改变了整个计算机的发展历史。

二进制只有“0”和“1”两个符号。相对十进制而言,二进制不仅运算简单、易于物理实现、通用性强,更重要的是所占用的空间和消耗的能量小得多,机器可靠性强。

计算机内部均采用二进制来表示各种信息,但计算机与外部交往仍采用人们熟悉和便于阅读的形式,如十进制数据、文字显示以及图形描述等。其间的转换,则由计算机系统的硬件和软件来实现。例如,各种声音被麦克风接收,生成的电信号为模拟信号(时间和幅值上连续变化的信号),经过模/数(analog to digital,A-D)转换器将其转换为数字信号,再送入计算机中进行处理和存储;然后将处理结果通过数/模(digital to analog,D-A)转换器将数字信号转换为模拟信号,此时通过扬声器听到的才是连续的正常的声音。

计算机中数据的最小单位是位(bit),存储容量的基本单位是字节(Byte,B),8 个二进制位称为 1 个字节,此外还有千字节(KB)、兆字节(MB)、吉字节(GB)、太字节(TB)等单位。

1. 位

位是度量数据的最小单位。在数字电路和计算机技术中采用二进制表示数据,编码只有 0 和 1。采用多个数码(0 和 1 的组合)来表示一个数,其中每一个数码称为 1 位。

2. 字节

一个字节由 8 个二进制数字组成(1 B=8 bit)。字节是信息组织和存储的基本单位,也是计算机体系结构的基本单位。

为了便于衡量存储器的大小,计算机统一以字节为单位。

千字节　1 KB=1 024 B=$2^{10}$ B

兆字节　1 MB=1 024 KB=$2^{20}$ B

吉字节　1 GB=1 024 MB=$2^{30}$ B

太字节　1 TB=1 024 GB=$2^{40}$B

3. 字长

在计算机诞生初期,受各种因素的限制,计算机一次能够同时(并行)处理8个二进制位。人们将计算机一次能够并行处理的二进制位数称为该机器的字长,也称为计算机的一个"字"。随着电子技术的发展,计算机的并行能力越来越强,计算机的字长通常是字节的整数倍,如8位、16位、32位,目前,微型机的字长为64位,大型机已达128位。

字长是计算机的一个重要指标,直接反映了一台计算机的计算能力和精度。字长越长,计算机的数据处理速度越快。

## 2.3 数制与编码

### 2.3.1 数制的基本概念

数据制式就是数据的进位计数原则,是人们利用符号进行计数的科学方法,又称为进位计数制,简称"数制"或"进制"。

在日常生活中经常要用到数制,如人们以10角钱为1元,用的是10进制;以60分钟为1小时,用的是60进制;一天之中有24小时,用的是24进制;而一周有7天,用的是7进制;一年中有12个月,用的是12进制计数法;等等。在计算机中常用的数制有:十进制,二进制,八进制和十六进制。

为了更好地学习计算机中进制及进制间的相互转换,首先来了解两个基本概念:"基数"和"位权"。

所谓"基数",就是在一种数制中所使用的数码的个数。例如,二进制数的基数为"2",八进制数的基数为"8",十进制数的基数为"10",十六进制数的基数为"16"。在计算机程序中给出一个数时就需要指明它的数制。

在一个数中,同一个数码处于不同位置则表示不同的值。基数的幂称为"位权"。位权表示法的原则是数字的总个数等于基数;每个数字都要乘以基数的幂次,而该幂次是由每个数所在的位置决定的。其排列方式是以小数点为界,整数自右向左0次方、1次方、2次方等,小数自左向右−1次方、−2次方、−3次方等。

1. 十进制(decimal)

人们最常用的是十进制。其特点是:基数是10,由10个基本字符组成,即0、1、2、3、4、5、6、7、8、9。其中最大数码是基数减1,即10−1=9;最小数码是0。运算规则"逢10进1"。十进制数的标志为D。

2. 二进制(binary)

二进制是计算机中使用的数制。其特点是:基数是2,由2个基本字符0、1组成。运算规则"逢2进1"。二进制数的标志为B。

3. 八进制(octal)

八进制的特点是:基数是8,由8个基本字符组成,即0、1、2、3、4、5、6、7。运算规则"逢8进1"。八进制数的标志为O或Q(注意,八进制有两种标志)。

4. 十六进制(hexadecimal)

十六进制数常用于地址编码等方面。其特点是：基数是 16，由 16 个基本字符组成，即 0、1、2、3、4、5、6、7、8、9、A、B、C、D、E、F。运算规则“逢 16 进 1”。十六进制数的标志为 H。

各种进制的基数、数码、进位关系和表示方法如表 2-1 所示。

**表 2-1　各种进制的基数、数码、进位关系和表示方法**

| 进制 | 十进制 | 二进制 | 八进制 | 十六进制 | $K$ 进制 |
|---|---|---|---|---|---|
| 基数 | 10 | 2 | 8 | 16 | $K$ |
| 进位 | 逢 10 进 1 | 逢 2 进 1 | 逢 8 进 1 | 逢 16 进 1 | 逢 $K$ 进 1 |
| 可用数码 | 0 1 2 3 4<br>5 6 7 8 9 | 0　1 | 0 1 2 3<br>4 5 6 7 | 0 1 2 3 4<br>5 6 7 8 9<br>A B C D E F | 0 至 $K-1$ |

计算机中多使用二进制的原因：① 二进制中只有“0”和“1”两个符号，使用有两个稳定状态的电子器件就可以分别表示它们，而制造有两个稳定状态的电子器件要比制造有多个稳定状态的电子器件容易得多；② 二进制数的运算规则简单，易于进行高速运算。数理逻辑中的“真”和“假”可以分别用“1”和“0”来表示，这样就把非数值信息的逻辑运算与数值信息的算术运算联系了起来。

## 2.3.2　进制间的转换

1. 二进制数与八进制数、十六进制数间的转换

不同数制的对应关系如表 2-2 所示。

**表 2-2　不同数制的对应关系**

| 二进制 | 十进制 | 十六进制 | 八进制 |
|---|---|---|---|
| 0000 | 0 | 0 | 0 |
| 0001 | 1 | 1 | 1 |
| 0010 | 2 | 2 | 2 |
| 0011 | 3 | 3 | 3 |
| 0100 | 4 | 4 | 4 |
| 0101 | 5 | 5 | 5 |
| 0110 | 6 | 6 | 6 |
| 0111 | 7 | 7 | 7 |
| 1000 | 8 | 8 | 10 |
| 1001 | 9 | 9 | 11 |
| 1010 | 10 | A | 12 |

表 2-2(续)

| 二进制 | 十进制 | 十六进制 | 八进制 |
| --- | --- | --- | --- |
| 1011 | 11 | B | 13 |
| 1100 | 12 | C | 14 |
| 1101 | 13 | D | 15 |
| 1110 | 14 | E | 16 |
| 1111 | 15 | F | 17 |

(1) 二进制转八进制

将二进制数由小数点开始,整数部分向左,小数部分向右,每 3 位分成一组,不够 3 位补零,则每组二进制数便是一位八进制数。例如:

10100110.0011 B=010 100 110.001 100 B=246.14 Q

(2) 八进制转二进制

将一位八进制数表示成三位二进制数直接展开。例如:

753.12 Q=111 101 011.001010 B=111101011.00101 B

(3) 二进制转十六进制

将二进制数由小数点位置开始,整数部分向左,小数部分向右,每 4 位分为一组,不足四位的用 0 补足,则每组二进制数就是一位相应的十六进制数。例如:

100110.000101 B=0010 0110.0001 0100 B=26.14 H

(4) 十六进制转二进制

将一位十六进制数表示成四位二进制数直接展开。例如:

2C.BE H=0010 1100.1011 1110 B=00101100.1011111 B

2. 十进制数与其他进制数转换

(1) 非十进制转十进制

方法:按位权展开求和即可得到十进制数。如:

$(1011.11)_2=1\times2^3+0\times2^2+1\times2^1+1\times2^0+1\times2^{-1}+1\times2^{-2}=(11.75)_{10}$

$(245.6)_8=2\times8^2+4\times8^1+5\times8^0+6\times8^{-1}=(165.75)_{10}$

$(2AC.2F)_{16}=2\times16^2+10\times16^1+12\times16^0+2\times16^{-1}+15\times16^{-2}=(684.18359375)_{10}$

(2) 十进制转非十进制(以 $K$ 进制为例)

十进制转非十进制的方法为整数部分除以 $K$ 逆序取余数,小数部分乘以 $K$ 顺序取整数,如图 2-1 所示。

则由图 2-1 可得:$(29.6785)_{10}=(11101.1011)_2$。

## 2.3.3 二进制的运算

1. 算术运算

二进制与十进制一样,可以进行加、减、乘、除四则运算。最常用的是加法运算和减法运算。其运算规则如下:

加运算:0+0=0,0+1=1,1+0=1,1+1=10,逢 2 进 1;

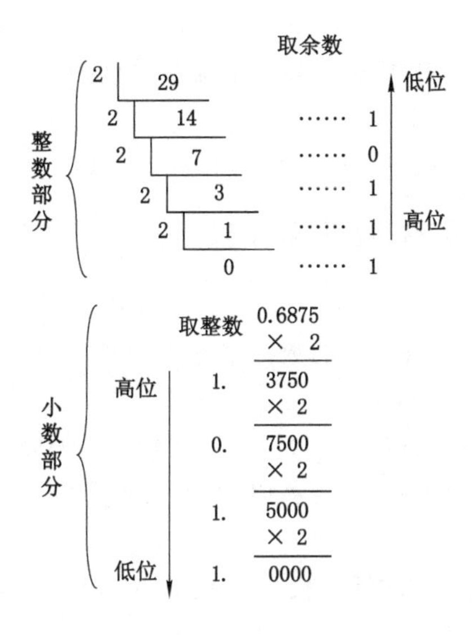


图 2-1　十进制转非十进制(以二进制为例)过程

减运算:1－1＝0,1－0＝1,0－0＝0,10－1＝1,向高位借 1 并且借 1 当 2;

乘运算:0×0＝0,0×1＝0,1×0＝0,1×1＝1,只有同时为 1 时结果才为 1;

除运算:二进制数只有两个数(0,1),因此它的商也只有两个数(0,1)。

例:求和 1101 B＋1011 B。

解:
```
      1 1 0 1
 +    1 0 1 1
-----------------
    1 1 0 0 0
```

求和结果为 1101 B＋1011 B＝11000 B。

例:求差 1101 B－1011 B。

解:
```
      1 1 0 1
 -    1 0 1 1
-----------------
      0 0 1 0
```

求差结果为 1101 B－1011 B＝0010 B。

2.　逻辑运算

逻辑运算是一种关系运算,其运算结果只是表示一种逻辑关系,若关系成立则用“真”或“1”表示,否则用“假”或“0”表示。二进制数的逻辑运算有“与”“或”“非”和“异或”4 种。

(1) “与”运算(AND)

“与”运算又称为逻辑乘,用符号“∧”来表示。其运算规则如下:

$$0\wedge0=0\quad 0\wedge1=0\quad 1\wedge0=0\quad 1\wedge1=1(\text{全 1 得 1})$$

即只有两个操作数都为 1 时结果才为 1,其他情况结果全为 0。

(2) “或”运算(OR)

“或”运算又称为逻辑加,用符号“∨”来表示。其运算规则如下:

$$0 \vee 0=0 \quad 0 \vee 1=1 \quad 1 \vee 0=1 \quad 1 \vee 1=1$$（全0得0）

即只有两个操作数全为0时结果才为0，其他情况结果全为1。

(3) "非"运算(NOT)

"非"运算又称为按位取反运算，其运算规则是：$\neg 0=1, \neg 1=0$。

### 2.3.4 整数的表示——原码、反码和补码

1. 原码、反码和补码

(1) 原码：用数的符号及数值表示的数。二进制的第一位为符号位，0表示正数，1表示负数，其余位表示数值的大小。例如：

$$(-25)_{10}=(10011001)_2 \qquad (+42)_{10}=(00101010)_2$$

注意：$[+0]_{原}=(00000000)$，$[-0]_{原}=(10000000)$，所以0有两个原码，有+0和-0的区别。

(2) 反码：正数的反码与原码相同，负数的反码为符号位不动，其余各位按位取反，即"1"变成"0"，"0"变成"1"。例如：

$$[(+10)_{10}]_{反}=[(+10)_{10}]_{原}=(00001010)_2 \qquad [(-10)_{10}]_{反}=(11110101)_2$$

注意：$(+0)_{反}=(00000000)$，$(-0)_{反}=(11111111)$；0有两个反码，有+0和-0的区别。

(3) 补码：正数的补码与反码、原码相同。负数的补码为"反码+1"，即在反码最末位(最低位)加1。例如：

$$[(+10)_{10}]_{反}=[(+10)_{10}]_{原}=[(+10)_{10}]_{补}=(00001010)_2 \qquad [(-10)_{10}]_{补}=(11110110)_2$$

注意：$(+0)_{补}=(-0)_{补}=00000000$，所以0的补码只有一个，+0和-0进行了统一。

2. 无符号整数

无符号整数只能表示非负整数，在计算机中直接把该数转换成对应的二进制数进行存储和处理。用8位二进制数可表示无符号整数的范围为0～255。

3. 有符号整数

用转换后的二进制数的第一位来表示符号位，"0"表示正数，"1"表示负数，其余各位表示数值的大小。在计算机中存储带有符号的整数采用补码形式存储。8位二进制数可表示有符号整数的范围为-128～127。

### 2.3.5 浮点数的表示

在计算机领域，实数经常用浮点数来表示。浮点数的表示形式为尾数(纯小数)乘以某个基数(计算机中通常为2)的整数次幂(阶码)，这种表示方法类似于十进制数的科学计数法。浮点数的表示方法如图2-22所示。

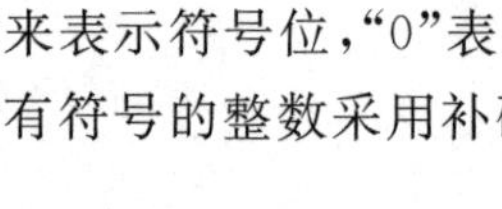

$$123.4 = 0.1234 \times 10^3$$

浮点数　　尾数　阶码

图2-2　浮点数(实数)的表示方法

注意：相同长度的浮点数和整型数，浮点数表示的数的范围大于整型数。

# 2.4　字符编码和汉字编码

## 2.4.1　字符编码——ASCII 码

ASCII 码(American standard code for information interchange)是美国标准信息交换码,是目前全世界通用的西文字符集,基本的 ASCII 字符集共有 128 个字符,其中 96 个是可打印字符,32 个是控制字符。

特别提示:ASCII 码是 7 位的编码,但使用一个字节来存储,字节的最高位固定为 0(奇偶校验位)。

## 2.4.2　汉字编码

1. 汉字编码的发展历程

汉字编码的发展历程如图 2-3 所示。

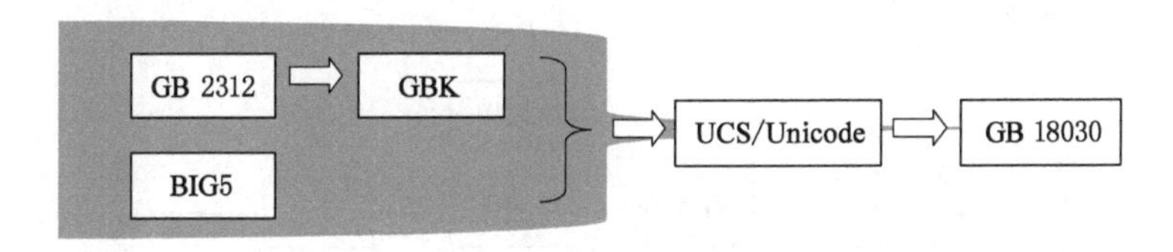


图 2-3　汉字编码的发展历史

2. 不同汉字编码的特点

GB 2312,GBK,GB 18030 都是简体中文的编码,是双字节的编码方式。也就是说,每两个字节在一起才表示一个汉字,第一个字节的高位均为 1,采用机内码形式存储(这是与 ASCII 编码最明显的区别)。

(1) GB 2312 汉字编码

为了适应计算机处理汉字的需要,1981 年我国颁布了第一个汉字编码国家标准,该标准选出了6 763 个常用汉字和 682 个非汉字字符。

(2) GBK 汉字内码扩充规范

为了解决 GB 2312 覆盖汉字偏少的问题,我国 1995 年又发布了一个汉字编码标准 GBK,它一共有 21 003 个汉字和 883 个图形符号,向下兼容 GB 2312,因此相同的字符,其编码也相同。

(3) BIG5(大五码)

BIG5 是通行于中国台湾、香港地区的一种汉字(繁体字)编码方案,与 GB 2312 不兼容。

(4) UCS/Unicode

为了实现全球不同国家、不同语言文字的统一编码,国际标准化组织(International Organization for Standardization,ISO)制定了一个统一编码标准,即 UCS/Unicode 编码标准。该标准已在 Windows 和 Unix/Linux 操作系统中及网络应用中广泛使用。

(5) GB 18030 汉字编码标准

为了既能与国际标准 UCS/Unicode 接轨,又能保护已有的大量中文信息资源,我国在进入 21 世纪后发布了新的汉字编码国家标准 GB 18030。该编码标准向下兼容 GB 2312 和 GBK。

区位码、国标码和机内码的转换方法如下：

国标码＝区位码＋2020H

机内码＝国标码＋8080H

机内码＝区位码＋A0A0H

# 2.5 图像与图形

## 2.5.1 图像数字化过程

图像的获取是指从现实世界中获得数字图像的过程。常用的图像获取设备有扫描仪、数码相机、摄像头、摄像机等。

图像的获取过程实质上是模拟信号的数字化过程，它的处理步骤分为 4 步：扫描、分色、取样、量化，如图 2-4 所示。

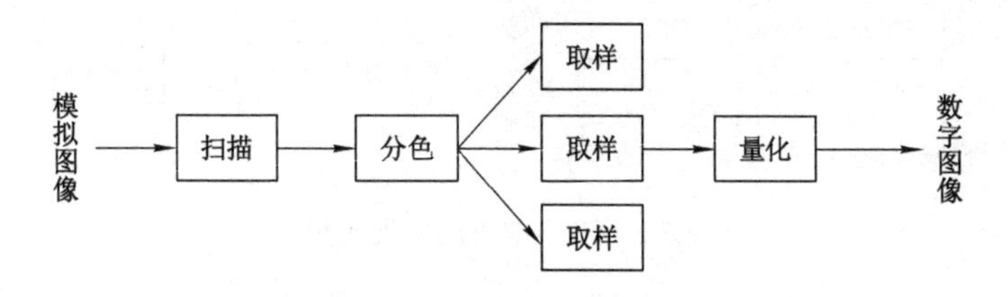


图 2-4 模拟图像数字化的过程

数字化图像是把原始画面离散成 $m \times n$ 个像点（又称像素），由这些像点组成一个矩阵。黑白画面的每个像素用 1 个二进制数表示，彩色画面的每个像素用 3 个颜色分量表示（R，G，B）。

## 2.5.2 图像的主要参数及压缩编码

（1）图像大小也称为图像分辨率，用水平分辨率×垂直分辨率来表示，此即像素的大小。

（2）颜色模型指彩色图像所使用的颜色描述方法，也叫颜色空间类型。常用的模型有：

① RGB 模型（红、绿、蓝），显示器使用该模型；

② CMYK 模型（青、品红、黄、黑），彩色打印机使用该模型；

③ HSB 模型（色彩、饱和度、亮度），图像编辑软件使用该模型；

④ YUV 模型（亮度、色度），彩色电视信号使用该模型，该模型可与 RGB 模型相互转换。

（3）像素深度指像素所有颜色分量的二进制位数之和。例如：由红、绿、蓝三基色组成的彩色图像，若每个基色分别用 4 个二进制位表示，则该图像的像素深度为 12。图像中不同颜色的数目最多为 $2^4 \times 2^4 \times 2^4 = 4\,096$。

（4）图像数据量计算公式

一幅数字图像数据量＝图像水平分辨率×图像垂直分辨率×像素深度，单位为 B，如表 2-3 所示。

表 2-3　几种常用格式的图像的数据量

| 图像大小 | 颜色数目 8 位(256 色) | 颜色数目 16 位(65 536 色) | 颜色数目 24 位(1 600 万色) |
|---|---|---|---|
| 640×480 | 300 KB | 600 KB | 900 KB |
| 1 024×768 | 768 KB | 1.5 MB | 2.25 MB |
| 1 280×1 024 | 1.25 MB | 2.5 MB | 3.75 MB |

(5) 图像数据压缩类型

数据压缩有两种类型,一种是无损压缩,另一种是有损压缩。

评价一种压缩编码方法的优劣主要看三个方面:压缩倍数的大小、重建图像的质量(有损压缩时)以及压缩算法的复杂程度。

### 2.5.3　常用的图像文件格式及其应用

1. GIF 图像格式特点

(1) 颜色数目不超过 256 色,适合用于插图、剪贴画等色彩数要求不高的场合,文件特别小,适合网络传输。

(2) GIF 图像格式具有累进显示功能,适合网络浏览器观看。

(3) GIF 图像格式能支持透明背景。

(4) GIF 图像格式能支持动画。

2. BMP 图像格式特点

(1) BMP 图像格式是 Windows 操作系统下使用的一种标准图像格式,支持单色、16 色、256 色、真彩色图像。

(2) 一个文件是一幅图像,可以进行无损压缩,也可不压缩。

(3) 非压缩的 BMP 文件是一种通用的图像文件格式,几乎所有的 Windows 应用软件都能支持。

3. JPEG 图像格式特点

(1) JPEG 是静止图像数据压缩编码的国际标准,采用 JPEG 标准的图像文件扩展名是 .jpg。JPEG 图像格式特别适合各种连续色调的彩色或灰度图像,在计算机和数码相机中已得到广泛应用。

(2) JPEG 的最新标准是 JPEG 2000(图像文件扩展名是 .jp2),它采用更先进的技术,可取得更好的效果。

(3) JPEG 图像格式不支持透明背景。

表 2-4 总结了常用的文件图像格式及其应用。

表 2-4　常用的文件图像格式及其应用

| 名称 | 典型应用 |
|---|---|
| BMP | Windows 应用程序;几乎所有的 Windows 软件都支持该格式 |
| TIF | 扫描仪和桌面出版 |

表 2-4(续)

| 名称 | 典型应用 |
| --- | --- |
| GIF | 因特网,在网页中大量使用 |
| JPEG | 因特网、数码相机等 |
| JPEG 2000 | 医学图像处理等 |

### 2.5.4 计算机合成图像及其应用

1. 计算机合成图像

计算机合成图像也称为计算机图形,是指通过计算机软件对景物的结构、形状与外貌进行描述(称为“建模”),然后根据该描述和选定的观察位置及光线状况,生成该景物的图形(称为“绘制”或“图像合成”)的过程。

2. 计算机图形的应用

计算机图形的应用主要包含以下内容。

(1) 计算机辅助设计和辅助制造(CAD/CAM)。

(2) 利用计算机生成各种地形图、交通图、天气图、海洋图、石油开采图等。

(3) 作战指挥和军事训练。

(4) 计算机动画和计算机艺术。

(5) 电子出版、数据处理、工业监控、辅助教学、软件工程等。

## 2.6 声音与视频数字化

### 2.6.1 声音信号的数字化

声音的数字化是指从现实世界获得声音并将其转换为二进制序列的过程,大体分为 3 步:采样、量化、编码,如图 2-5 所示。其中采样频率不应低于声音信号最高频率的两倍。语音的采样频率一般为 8 kHz,音乐的采样频率应在 40 kHz 以上。

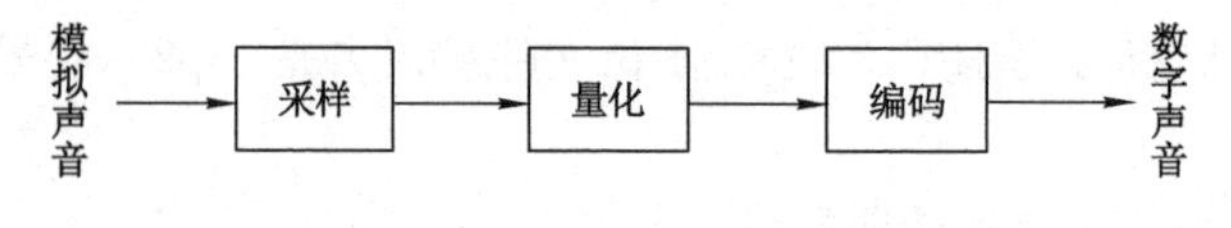


图 2-5 模拟声音数字化过程

### 2.6.2 数字声音的主要参数

数字声音的主要参数包括采样频率、量化位数、声道数目、使用的压缩编码方法以及比特率。比特率也称为码率,是指每秒钟声音的数据量。数字声音未压缩时的码率=采样频率×量化位数×声道数,单位为 b/s。两种常用数字声音的主要参数如表 2-5 所示。

**表 2-5　两种常用数字声音的主要参数**

| 声音类型 | 声音信号带宽/Hz | 采样频率/kHz | 量化位数/b | 声道数 | 未压缩时的码率/(Kb/s) |
|---|---|---|---|---|---|
| 电话数字声音 | 300～3 400 | 8 | 8 | 1 | 64 |
| CD 立体声 | 20～20 000 | 44.1 | 16 | 2 | 1 411.2 |

## 2.6.3　数字声音的文件类型及其应用

计算机存储数字声音的文件类型主要有 WAV、MP3、APE、MIDI 等。

1. WAV 格式

WAV 格式是一种存储声音波形的文件格式，是微软公司与 IBM 公司联合开发的音频文件格式，来源于对声音模拟波形的采样。用不同的采样频率对声音的模拟波形进行采样，可以得到一系列离散的采样点，以不同的量化位数把这些采样点的值转换成二进制数，然后存入磁盘，这就产生了声音的 WAV 文件。WAV 文件直接记录了真实声音的采样数据，通常文件比较大。

当声音质量要求不高时，通过降低采样频率、采用较低的量化位数或利用单声道来录制声音，则可得到较小的 WAV 文件。

2. MP3 格式

MP3 文件格式是利用 MPEG 标准(motion picture expert group standard)压缩的音频数据文件格式，MP3 格式只包含 MPEG-1 和 MPEG-2 第 3 层编码的声音数。由于存在数据压缩，其音质稍差于 WAV 格式，但是对于大多数用户来说重放的音质与最初的不压缩音频相比没有明显的下降，因此，MP3 格式仍是目前在互联网上应用的压缩效果最好、文件最小、质量最高的文件格式。

3. APE 格式

APE 是近年出现的一种音频文件格式，其特点是采用了无损压缩技术，文件占用空间约为 WAV 文件的一半，但音质和原来一样，可以和 CD 机的音质媲美。播放 APE 格式文件时需要使用专用的播放工具，如 Monkeys Audio、Foobar 2000 等。

4. MIDI 格式

MIDI(music instrument digital interface，乐器数字接口)是解决电声乐器之间通信问题的一种通用通信协议。MIDI 文件存储的是一系列指令，不是波形，因此它需要的磁盘空间非常小，主要用于音乐制作、游戏配乐等。绝大多数的 MIDI 文件的后缀名为 MID，这是最常见的 MIDI 文件格式之一。另外还有 RMI 格式和 MOD 格式等。RMI 格式是微软公司的 MIDI 文件格式；MOD 文件格式在其内部自带了一个波形表，可以确保一个 MIDI 序列在所有的系统上听起来一致，因此，MOD 文件通常比 MID 文件大了许多。

## 2.6.4　数字视频

1. 压缩编码标准及其应用

视频信息一般指的是活动图像，因其数据量特别大，所以视频图像信息必须进行压缩编码处理，常用的压缩编码标准及其应用如表 2-6 所示。

表 2-6 常用的压缩编码标准及其应用

| 名称 | 典型应用 |
| --- | --- |
| MPEG-1 | VCD 光盘、数码相机、数字摄像机 |
| MPEG-2 | DVD 光盘 |
| MPEG-4 ASP | 手机、MP4 播放器等(低分辨率、低码率) |
| MPEG-4 AVC | HDTV(高清数字电视)、IPTV(交互网络电视)、蓝光光盘等 |

2. 常见的视频文件格式

常见的视频文件格式有.avi、.wmv、.rmvb、.rm、.mp4、.mod、.3gp 等。

# 第 3 章　计算机系统的组成

计算机系统是由硬件系统和软件系统两部分组成的。硬件系统是构成计算机系统的各种物理设备的总称，它包括主机和外设两个部分。软件系统是运行、管理和维护计算机的各类程序以及运行程序所需要的数据和相关文档的总称。没有安装任何软件的计算机称为"裸机"。硬件是软件发挥作用的物质基础，软件是使计算机发挥强大功能的灵魂，两者相辅相成，缺一不可。一个完整的计算机系统的组成如图 3-1 所示。

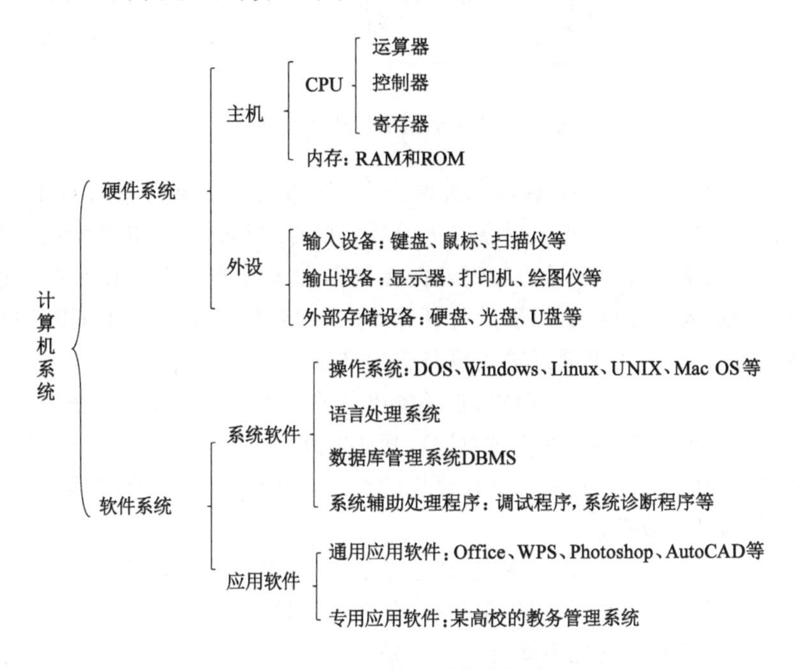


图 3-1　计算机系统的组成

本章学习目标与要求：

(1) 掌握微机的基本组成结构。

(2) 熟悉 CPU 的主要组成、CPU 性能参数。

(3) 掌握存储器的不同分类、存储容量单位。

(4) 了解输入/输出设备的性能参数。

(5) 了解总线类型。

(6) 了解 I/O 接口。

(7) 了解软件的概念和分类。

(8) 了解操作系统的基本概念。

# 3.1 微型计算机结构

计算机是自动化的信息处理装置，它采用了“存储程序”工作原理。这一原理是 1946 年由美籍匈牙利数学家冯·诺伊曼提出的，其主要思想如下。

(1) 计算机硬件由五个基本部分组成：运算器、控制器、存储器、输入设备和输出设备。

(2) 采用二进制。

(3) 存储程序的思想，即程序和数据一样，存放在存储器中。

这一原理确定了计算机的基本组成，如图 3-2 所示。

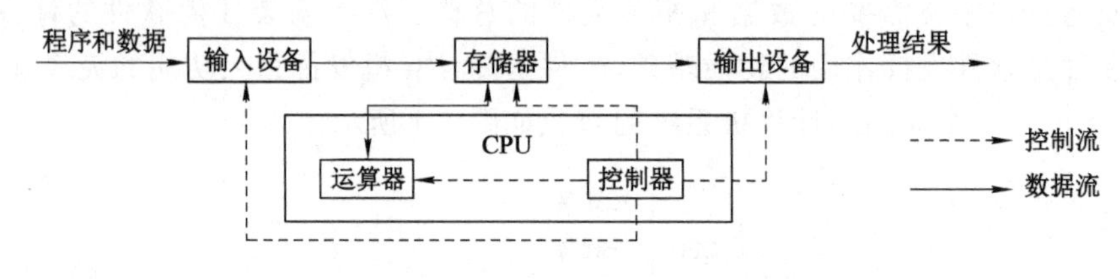


图 3-2　冯·诺依曼体系结构图

图 3-2 中，实线为程序和数据，虚线为控制命令。计算步骤的程序和计算中需要的原始数据，在控制命令的作用下通过输入设备输入计算机的存储器。当计算开始的时候，程序在取指令的作用下被逐条送入控制器。控制器向存储器和运算器发出取数命令和运算命令，存储器中的数据被送入运算器，运算器进行计算，计算结果在存数命令的作用下被存放回存储器，最后在输出命令的作用下通过输出设备输出结果。

微型化的中央处理器称为微处理器，它是微机系统的核心。微处理器送出三组总线：地址总线(AB)、数据总线(DB)和控制总线(CB)，其他电路(常称为芯片)都可连接到这三组总线上。由微处理器和内存储器构成微型计算机的主机。此外，还有外存储器、输入设备和输出设备，它们统称为外部设备。

微控制器(microcontroller)是一种把微处理器、存储器、输入/输出接口电路等都集成在单块芯片上的大规模集成电路，俗称单片机，是微处理器的一种扩展。单片机主要应用于智能家电领域，例如，智能洗衣机中就有一块大规模集成电路芯片，用于控制洗衣机的工作流程。

微型计算机系统指有多个微处理器的计算机系统，平时人们使用的计算机就属于微型计算机系统，简称微机。微机中包含有多个微处理器，如 CPU、显卡、声卡等。

# 3.2 计算机的硬件系统

硬件系统是指构成计算机的一些看得见、摸得着的物理设备，它是计算机软件运行的基础。从计算机的外观看，硬件系统由主机箱、显示器、键盘和鼠标等几个部分组成。

计算机的主机主要由主机板(主板)、CPU、内存、机箱和电源构成。主机安装在主机箱内，主机箱内还有主机板、硬盘驱动器、CD-ROM 驱动器、电源和显示适配器(显卡)等。主机从外观上分为卧式和立式两种。

### 3.2.1 CPU

CPU即中央处理器，是整台计算机的核心部件。它主要由控制器和运算器组成，是采用大规模集成电路工艺制成的芯片，又称为微处理器芯片。

运算器又称为算术逻辑单元(arithmetic logical unit，ALU)。它是计算机对数据进行加工处理的部件，包括算术运算(加、减、乘、除等)和逻辑运算(与、或、非、异或、比较等)。

控制器负责从存储器中取出指令，对指令进行译码，并根据指令的要求，按时间的先后顺序向各部件发出控制信号，保证各部件协调一致地工作，并一步一步地完成各种操作。控制器主要由指令寄存器、译码器、程序计数器和操作控制器等组成。

1. 指令和指令系统

指令是程序的基本单位，它是用二进制表示的命令，用来规定计算机执行什么操作以及操作对象的位置。指令由操作数(参加运算的数据所在的位置，也称为地址码)和操作码(做何种操作，比如加、减等)构成。一个CPU所能执行的全部指令称为该CPU的指令系统或指令组。不同类型的CPU有独特的指令系统。不同CPU的指令系统一般不兼容，同一公司的向下兼容。

指令系统包括数据传送指令、数据处理指令、程序控制指令、输入/输出指令和其他指令。

数据传送指令：将数据在内存与CPU之间进行传送。

数据处理指令：对数据进行算数、逻辑或关系运算。

程序控制指令：控制程序中指令的执行，如条件转移、调用子程序、返回等。

输入/输出指令：用来实现外部设备与主机之间的数据传输。

其他指令：管理计算机软件和硬件等。

指令的执行过程如下。

① CPU的控制器从内存中读取一条指令放入指令寄存器。

② 指令寄存器的指令经过译码，决定该指令进行何种操作，操作数在哪里。

③ 根据操作数的地址取出操作数。

④ 运算器按照操作码的要求，对操作数进行运算。

⑤ 把运算结果保存到指定的寄存器或者内存单元。

⑥ 修改指令计数器，决定下一条指令的地址。

2. CPU的性能指标

计算机的所有工作都要通过CPU来协调处理，而CPU芯片的品质直接决定着计算机的档次。现在生产CPU芯片的厂家主要有Intel公司和AMD公司。目前市场上，Intel生产的CPU的主流产品包括酷睿i9系列、酷睿i7系列、酷睿i5系列、酷睿i3系列、奔腾双核、赛扬、至强等；AMD生产的主流产品包括Ryzen 9系列、Ryzen 7系列、Ryzen 5系列、Ryzen 3系列、APU系列、A4系列、FX系列、速龙四核、速龙双核系列等。

CPU主要的技术指标有主频、字长和缓存。

(1) 主频

时钟主频是指CPU的时钟频率，是微型计算机性能的一个重要指标，一定程度上决定了计算机的速度。CPU运算速度指CPU每秒能执行的指令数，单位有MIPS(百万条定点指令/s)、MFLOPS(百万条浮点指令/s)。一般来说,主频越高,CPU的速度越快,性能也就越强。计算机的整体运行速度不仅取决于CPU运算速度,还与其他各分系统的运行情况有关,只有在提高主频的同时,各分系统运行速度和各分系统之间的数据传输速度都提高,计算机整体的运行速度才能真正得到提高。虽然CPU的主频不代表CPU的速度,但提高主频对提高CPU运算速度是至关重要的,CPU工作主频主要受到生产工艺的限制。

与CPU的主频密切相关的两个概念是外频与倍频。外频是CPU的基准频率,单位为MHz。外频是CPU与主板之间同步运行的速度,而且在绝大部分电脑系统中,外频也是内存与主板之间同步运行的速度,在这种方式下,可以理解为CPU的外频直接与内存相连通,实现两者间的同步运行状态。倍频即主频与外频之比。主频、倍频和外频之间的换算关系为:主频=外频×倍频。更能实质性反映CPU和外界数据传输速度的参数是前端总线(front side bus, FSB)频率,单位为MHz。CPU通过前端总线连接到北桥芯片,进而通过北桥芯片和内存、显卡交换数据。前端总线是CPU和外界交换数据的最主要通道,因此其数据传输能力对计算机整体性能影响很大。数据传输最大带宽取决于所有同时传输的数据的宽度和传输频率,即数据带宽=前端总线频率×(数据位宽/8)。如支持64位的CPU,前端总线频率是800 MHz,那么它的数据传输最大带宽是6.4 GB/s。此外,在Intel P4系列CPU中,前端总线频率和外频之间的换算关系为:前端总线频率=外频×4,如某P4系列CPU的主频是2.8 GHz,前端总线频率是800 MHz,则可以推算出其外频为200 MHz,同时可以计算出该CPU的倍频为14。

现在常用的CPU主频一般都在3.0 GHz以上,高的如Intel酷睿i7 4790K,主频为4.0 GHz,奔腾处理器主频可达到5.0 GHz。

(2) 字长

如前所述,字长指计算机一次能够并行处理的二进制位数,是CPU的主要技术指标。目前绝大部分CPU的字长为64位。64位CPU是指CPU通用寄存器的数据宽度为64位,即CPU一次可以处理64位二进制数据。不能简单地认为64位CPU的性能是32位CPU性能的2倍。要真正发挥64位CPU的性能,还必须有64位操作系统及64位应用软件的支持。注意:64位CPU可以安装32位操作系统,32位CPU也可以运行在64位操作系统上。

(3) 缓存

缓存也是CPU的重要技术指标之一,而且缓存的结构和大小对CPU性能的影响非常大。CPU只能直接和内存交换数据,为了解决高速CPU和慢速内存之间速度不匹配的问题,提高CPU的处理速度,人们设计了一款小型存储器即高速缓冲存储器(cache,缓存)。缓存按功能通常分为CPU内部的一级缓存和CPU外部的二级缓存,少数高端处理器还集成了三级缓存。人们讨论缓存时,通常是指外部缓存。引入缓存后,当CPU需要指令或数据时,实际检索存储器的顺序是:内部缓存—外部缓存—内存。目前,CPU的缓存容量为1～10 MB,甚至更高。

总之,影响CPU速度的性能参数有:主频、字长、二级缓存容量、前端总线频率、指令系统、制造工艺、运算器的逻辑结构等。需要特别注意的是,同一公司同一系列不同主频的CPU的速度不好比较,同一公司不同系列或不同公司不同系列的更不好比较。如Intel主频为3.0 GHz的CPU的速度≠Intel主频为1.5 GHz的CPU速度的2倍,AMD主频为

2.0 GHz 的 CPU 的速度≠Intel 主频为 2.0 GHz 的 CPU 的速度。

3. 多核 CPU 技术

2004 年以前,CPU 技术的重点在于提升 CPU 的主频率,但是当主频提高到一定程度,单纯的主频提升已经无法明显提升系统整体性能。面对主频之路走到尽头,CPU 生产商开始寻找其他方式来提升处理器的性能,而增加 CPU 内处理核心的数量成为当前最有效的方式。

双核处理器是指在一个处理器上集成两个运算核心,从而提高计算能力。"双核"的概念最早是由 IBM、惠普、Sun 等支持 RISC 架构的高端服务器厂商提出的,主要运用于服务器上。而在台式机上的应用则是在 Intel 和 AMD 的推广下才得以普及。

多内核是指在一枚处理器中集成两个或多个完整的计算引擎(内核)。多核处理器是单枚芯片(也称为"硅核"),能够直接插入单一的处理器插槽中,但操作系统会利用所有相关的资源,将它的每个执行内核作为独立的逻辑处理器。通过在两个执行内核之间划分任务,多核处理器可在特定的时钟周期内执行更多的任务。大多 CPU 厂商都采用多核 CPU 技术,双核、四核、六核,甚至八核 CPU 已经占据了主要地位。

### 3.2.2 存储器

存储器是计算机的重要组成部分之一,用来存储程序和数据,表征了计算机的"记忆"功能。

存储器按功能可分为主存储器(也称为内存储器,简称内存)和辅助存储器(也称为外存储器,简称外存)。内存是存取速度相对快而容量小的一类存储器,外存则是存取速度相对慢而容量很大的一类存储器。

#### 3.2.2.1 内存储器

内存储器直接与 CPU 相连接,存取速度较快,是计算机中主要的工作存储器。现代的内存储器多半是半导体存储器,采用大规模集成电路或超大规模集成电路器件。

内存储器按其工作方式的不同,可以分为随机存取存储器(random access memory, RAM)和只读存储器(read only memory, ROM)。计算机工作时,一般由内存 ROM 中的引导程序启动程序,再从外存中读取系统程序和应用程序,送到内存的 RAM 中,程序运行的中间结果放在 RAM 中(内存不够时也可以放在外存中),程序的最终结果存入外部存储器。

1. 随机存取存储器(RAM)

RAM 既能读出也能写入,用来存放用户程序和数据,其中的信息可以随时改写;RAM 只有在电源电压正常时才能工作,断电后,里面的信息会丢失。RAM 按照集成电路内部结构的不同,可以分为以下 2 种。

(1) 静态 RAM (static RAM, SRAM)

SRAM 采用了与制作 CPU 相同的半导体工艺,速度快、集成度低、功耗大、容量小、价格高、不需要刷新,适用于制作各级缓存。

(2) 动态 RAM (dynamic RAM, DRAM)

DRAM 通常用于制作内存条。微机内存均采用 DRAM 芯片安装在专用电路板上,称为"内存条",所以内存容量指 RAM 的大小。目前常用的 DDR3 内存条存储容量一般为

2 GB、4 GB 或 8 GB，DDR4 内存条容量一般为 16 GB。

这种存储器集成度较高、价格较低，但由于需要周期性地刷新，存取速度较慢。目前多数计算机用的同步动态随机存取存储器(synchronous DRAM，SDRAM)，由于采用与系统时钟同步的技术，所以比 DRAM 快得多。

2. 只读存储器(ROM)

ROM 存储器将程序及数据固化在芯片中，数据只能读出不能写入，电源关掉，数据也不会丢失。需要注意的是，如今并不是所有的 ROM 都是只读的，这里只是沿用历史名称。为了便于使用和大批量生产，进一步发展了可编程 ROM、可擦除可编程 ROM、电可擦除可编程 ROM 以及闪存。

(1) 可编程 ROM (programmable ROM，PROM)

它是将设计的程序固化进去，ROM 内容不可更改。

(2) 可擦除可编程 ROM (erasable PROM，EPROM)

EPROM 是一种具有可擦除功能，擦除后即可进行再编程的 ROM 内存。EPROM 可编程固化程序，且在程序固化后可通过紫外线光照擦除。EPROM 芯片可重复擦除和写入，解决了 PROM 芯片只能写入一次的弊端。

(3) 电可擦除可编程 ROM (electrically EPROM，EEPROM)

它可编程固化程序，并可利用电压来擦除芯片内容，以便重新固化新数据。

(4) 闪存 (flash ROM)

闪存是一种快擦除技术的 ROM，可以在相同电压下读出和写入，且容量大、成本低。闪存常用于个人电脑、蜂窝电话、数字相机、个人数字助手等。

#### 3.2.2.2 外存储器

计算机执行程序和加工处理数据时，外存储器中的信息须按信息块或信息组先送入内存然后才能使用，即计算机通过外存与内存不断交换数据的方式使用外存中的信息。外存的特点是容量大，所存的信息既可以修改也可以保存，存取速度较慢。

外存储器设备种类很多，目前微机常用的外存储器有硬盘、软盘、U 盘和光盘等。

磁盘分为软磁盘和硬磁盘两种，不管是软磁盘还是硬磁盘存储器，其存储部件都是由涂有磁性材料的圆形基片组成的，一圈圈封闭的同心圆组成记录信息的磁道。磁盘由许多磁道组成，每个磁道又被划分成多个扇区，扇区是磁盘存储信息的最小物理单位。通常对磁盘进行的所谓格式化操作，就是在磁盘上划分磁道和扇区。刚出厂的磁盘经过格式化才能使用。

磁盘的存储原理是由写入电路将经过编码后的“0”和“1”脉冲信号通过磁头转变为磁化电流，使磁盘上生成相应的磁元，将信息记录在磁盘上；读出时，磁盘上的磁元在磁头上产生感应电压，再经读写电路还原成数字信息，送到计算机中。

以下主要介绍硬盘、光盘以及移动硬盘和 U 盘。

1. 硬盘存储器

硬盘存储器是一种涂有磁性物质的金属圆盘，通常由若干硬盘片组成盘片组。与软盘不同，硬盘存储器通常与磁盘驱动器封装在一起，不能移动。由于一个硬盘往往有几个读写磁头，因此在使用时应注意防止剧烈振动。

一个硬盘内部包含多个盘片，这些盘片被安装在一个同心轴上，每个盘片有上下两个盘面。每个盘面有一个读写磁头,按磁道和扇区进行存储,每个盘面通常有 1 000 条以上磁道,每条磁道通常有 100 多个扇区,每个扇区存储 128×2$n$($n$=0,1,2,3)字节二进制数据。硬盘中,所有记录面中半径相同的所有磁道构成柱面。磁盘是按扇区进行读写的。

硬盘的容量由磁头数 $H$、柱面数 $C$(等于磁道数)、每个磁道的扇区数 $S$ 和每个扇区的字节数 $B$(一般为 512 B)等参数决定,计算公式为:

硬盘容量=磁头数($H$)×磁道数($C$)×扇区数($S$)×每扇区字节数($B$)

硬盘与主板的连接部分称为硬盘接口,常见的有 ATA (advanced technology attachment)、SATA(serial ATA)和 SCSI(small computer system interface)接口。以前常用 ATA 接口,但目前逐渐被 SATA 接口替代。SATA 又称串口硬盘,采用串行连接方式,具有结构简单、支持热插拔等优点,传输率为 150 MB/s。最新的 SATA 标准是 SATA 3.0,传输率为 6 GB/s。SCSI 是一种广泛应用于小型机上的高速数据传输技术,具有应用范围广、带宽大、CPU 占用率低以及支持热插拔等优点,但价格较高。

衡量硬盘性能的一个重要参数是硬盘转速。硬盘转速指硬盘盘片在一分钟内旋转的最大转数,它在很大程度上直接影响硬盘的传输速率。硬盘的转速越快,访问时间就越短,硬盘的整体性能也就越好。主流的硬盘转速一般为 5 400 r/min、7 200 r/min。服务器中使用的 SCSI 硬盘转速大多为 10 000 r/min,最快的为 15 000 r/min。

平均访问时间是体现硬盘读写速度和性能的另一个重要参数,是指磁头从起始位置到到达目标磁道位置后从目标磁道上找到要读写的数据扇区所需要的时间。硬盘的平均访问时间是平均等待时间和平均寻道时间之和。平均等待时间是指数据所在的扇区转到磁头下的平均时间,它是盘片旋转周期的 1/2。平均寻道时间是指把磁头移动到数据所在磁道(柱面)所需要的平均时间,一般为 5～10 ms。

除了机械硬盘(hard disk drive,HDD),即传统硬盘,现在市场上还有一种固态硬盘(solid state drive,SSD),即新式硬盘。固态硬盘是用固态电子存储芯片阵列制成的,虽然固态硬盘在接口规范和定义、功能和使用方法、产品外形和尺寸上与普通硬盘完全一致,但其各方面性能相比传统硬盘有着飞跃性的提升。固态硬盘抗振性极佳,同时工作温度范围很宽,可达到－45～＋85 ℃。

硬盘的制造厂商包括希捷(Seagate)、西部数据(Western Digital)、日立(Hitachi)、东芝(Toshiba)、三星(Samsung)等,目前的硬盘容量有 320 GB、500 GB、1 TB、2 TB、3 TB 等。

个人组装配置电脑,通常采用一块容量相对小一点的固态硬盘作为系统盘,另外再配一块容量大一点的机械硬盘作为数据存储盘。

2. 光盘存储器

光盘直径一般为 12 cm、8 cm,分为只读光盘(如 CD-ROM 和 DVD-ROM)、一次写入光盘(如 CD-R 和 DVD-R)和可擦光盘(如 CD-RW 和 DVD-RW)等几种。与光盘配套使用的光盘驱动器从最初的单倍速(150 KB/s)、双倍速已经发展到现在的 8 倍速、24 倍速、40 倍速、48 倍速、50 倍速等。

CD-ROM 是用得最广泛的一种光盘存储器,其容量一般为 650 MB。CD-ROM 的后继产品为 DVD-ROM。DVD 容量比 CD 大得多,这是因为 DVD 凹点长度更小,数据轨道间隔更紧密。同样大小的 DVD 盘片,其存储容量相当于普通 CD 的 8～25 倍,读取速度相当于普通 CD 的 9 倍。DVD 光盘单面最大容量为 4.7 GB,双面为 8.5 GB。

蓝光光盘(blue-ray disc,BD)是DVD之后的下一代光盘格式之一,用于高品质的影音存储以及高容量的数据存储。蓝光光盘单面单层为25 GB,双面为50 GB。

3. 移动硬盘和U盘

移动硬盘是以硬盘为存储介质,强调便携性的存储产品。目前市场上绝大多数的移动硬盘都以标准硬盘为基础。因采用硬盘为存储介质,移动硬盘数据的读写模式与标准集成磁盘电子接口(integrated device electronics,IDE)硬盘是相同的。

移动硬盘的特点有:① 容量大,目前市场中的移动硬盘能提供320 GB、500 GB、1 TB、1.5 TB、2 TB、2.5 TB、3 TB、3.5 TB、4 TB等容量,最高可达12 TB的容量,可以说是U盘、磁盘等闪存产品的升级版,一定程度上满足了用户的需求。② 传输速度快,目前移动硬盘大多采用USB 3.0接口,能提供较高的数据传输速度。③ 使用方便,具有真正的"即插即用"特性,使用起来灵活方便。

U盘是一种具有USB接口的移动存储器,小巧便于携带、存储容量大、价格便宜,是移动存储设备之一。一般的U盘容量有1 G、2 G、4 G、8 G、16 G、32 G、64 G、128 G、256 G、512 G、1 T等。

#### 3.2.2.3 存储系统的层次结构

现代计算机的三级存储系统包括高速缓冲存储器(缓存)、主存储器(内存)和辅助存储器(外存)。三者按存取速度、存储容量、价格的优劣组成层次结构,以满足CPU越来越高的速度要求,并较好地解决了三个技术参数的矛盾。其中,"缓存-内存"层次主要解决CPU和内存速度不匹配的问题;"内存-外存"层次主要解决存储器系统容量问题。在存储系统中,CPU可直接访问缓存和内存;而外存中的内容必须先复制到内存中,然后才能被CPU访问。

### 3.2.3 输入/输出设备

#### 3.2.3.1 输入设备

输入设备(input devices)将命令、程序、数据、图形、图像等信息转换为计算机能识别的二进制代码输入到计算机中,供计算机处理。常用的输入设备包括键盘、鼠标、扫描仪、数码相机、摄像头、光笔、条形码阅读器、触摸屏、游戏操作杆、手写输入板、语音输入装置等。

1. 键盘

键盘通过一根五芯电缆连接到主机的键盘插座内,其内部有专门的微处理器和控制电路,当操作者按下任一键时,键盘内部的控制电路产生一个代表这个键的二进制代码,然后将此代码送入主机内部,操作系统就知道用户按下了哪个键。

键盘通常有101键键盘和104键键盘两种,较常用的是104键键盘。

2. 鼠标

鼠标因外形酷似老鼠而得名,是一种常用的输入设备,计算机可以通过鼠标方便准确地移动光标进行定位,操作更加简便。

鼠标的分类方法很多,通常按照键数、接口形式、工作原理进行分类。

鼠标按照键数可以分为传统双键式鼠标、三键式鼠标和新型的多键式鼠标。传统双键式鼠标只有左右两个按键，结构简单，应用广泛，此方式最早由微软推出。三键式鼠标由IBM最早推出，它比双键式鼠标多了个中键，中键在某些特殊程序中起到事半功倍的作用。多键式鼠标是微软推出的新一代智能鼠标，带有滚轮，滚轮的使用使上下翻页极其方便，简化了操作程序，是鼠标发展的主流。

鼠标按照接口形式可以分为串行鼠标、PS/2 鼠标、USB 鼠标三类。串行鼠标是最早的鼠标，目前已很少使用。当前应用最多的是 USB 鼠标。

鼠标按照工作原理可以分为机械式鼠标、光机式鼠标和光电式鼠标三大类。光电鼠标以其精度高、可靠性好、使用免维护等优点占据了市场，而机械鼠标已经被人们所淘汰。光机鼠标由于价格低廉和对操作平面要求不高还被一些人使用。

3. 扫描仪

扫描仪是将原稿（图片、照片、底片、书稿）输入计算机的一种输入设备。常见的扫描仪有三种：平板式扫描仪、滚筒式扫描仪和胶片专用扫描仪，它们的技术性能很高，多用于专业印刷排版领域。手持式扫描仪扫描头较窄，只适用于扫描较小的图片等。

扫描仪的性能指标有：① 分辨率，反映了扫描仪扫描图像的清晰程度，用每英寸生成的像素数目（dpi）来表示。② 色彩位数（色彩深度），反映了扫描仪对图像色彩的辨析能力，位数越多，扫描仪所能反映的色彩就越丰富，扫描的图像效果也就越真实。③ 扫描幅面，指容许原稿的最大尺寸，如 A4 幅面，A3 幅面。

4. 数码相机

数码相机是一种图像输入设备，它不需要胶卷和暗房，能直接将数字形式的照片输入计算机进行处理，或通过打印机打印出来，或与电视机连接进行观看。

数码相机的工作过程为：① 将数码相机对准拍摄对象，按下快门，被拍摄对象反射出来的光线进入相机镜头；② 光线被聚焦在电荷耦合器件（charge coupled device，CCD）芯片上；③ CCD 将光信号转换为电信号；④ 模数转换器把模拟信号转换为数字信号；⑤ 数字信号处理器（digital signal processor，DSP）修整图像的质量、压缩图像数据，将图像存储在存储卡中；⑥ 将数码相机与计算机连接，把图像传送到计算机中；⑦ 运行有关软件，将图像显示在屏幕上。

数码相机的主要性能指标有：① CCD 像素数目，它决定数字图像能够达到的最高分辨率。例如，一台 200 万像素的数码相机可以拍摄出分辨率为 1 600×1 200 的图像，共有 1 920 000 个像素的照片。② 存储卡容量。

#### 3.2.3.2　输出设备

输出设备（output devices）是指将计算机处理后的各种计算结果（如数据或信息）以数字、字符、声音、图形图像等形式表示出来的设备。常用的输出设备为显示器和打印机，还有影像输出设备、语音输出设备等。

1. 显示器

显示器是计算机系统最常用的输出设备，它的类型很多，根据工作原理的不同，可分为阴极射线管（cathode ray tube，CRT）显示器，等离子显示器（plasma display panel，PDP），液晶显示器（liquid crystal display，LCD）等。CRT 常用于台式机，现已淘汰；LCD 以前常用于笔记本电脑，目前许多台式机也配用 LCD。

衡量显示器优劣的两个重要指标是分辨率和像素点距。分辨率指一帧显示画面中像素的数目，它是衡量画面解析度的标准。分辨率用水平显示的像素个数×水平扫描线数表示（如 800×600，可以理解为该图像一帧画面由 800×600 个像素构成）。分辨率越大，显示图像越清晰，画面越精细。常用的显示器分辨率有 640×480、1 024×768、1 280×1 024 等。像素点距指屏幕上相邻的两个同色磷光之间的最短距离。点距是反映显示器显示画质是否精细的一个重要指标，一般点距越小，画质越精细。

显示存储器（简称显存）容量越大，可以储存的图像数据越多，支持的分辨率与颜色数也就越高。显存容量的计算公式为：

显存容量＝图形分辨率×色深/8（单位：B）

色深（color depth）亦可称为色位深度，表示在某一分辨率下，每一个像点可以有多少种色彩来描述，单位是位（bit）。色深用 2 的幂指数来表示，位数越高，色深值便越高，影像所能表现出来的色彩也越多。例如色深为 1 位，只能表现黑与白两种颜色；色深为 8 位，可以表现 $2^8=256$ 种不同的灰度；色深为 24 位的影像可显示 $2^{24}=16\ 777\ 216$ 种色彩，十分接近肉眼所能分辨的颜色，所以被称为真彩色（true color）。显示灰度图像时，每个像素需要 8 位（一个字节）；当显示真彩色时，由于显示器一般采用的是 RGB 颜色模型，每个像素要用 3 个字节。

2. 打印机

打印机也是计算机系统中常用的输出设备。目前常用的打印机有针式打印机、喷墨打印机和激光打印机三种。

针式打印机（简称针打）是利用机械和电路驱动原理，使打印针撞击色带和打印介质，进而打印出点阵，再由点阵组成字符或图形来完成打印任务的。针打设备简单，耗材费用低、性价比高、纸张适应面广。其特有的多份拷贝、复写打印和连续打印功能，使其在银行存折打印、财务发票打印、记录科学数据连续打印等领域得到广泛应用。传统针式打印机噪声较高、分辨率较低、打印针容易损坏，但随着技术的发展，针式打印机的性能得到大大提高，并朝着专用化、专业化方向发展。

喷墨打印机（简称喷打）是一种经济型非击打式的高品质彩色打印机，具有较高的性价比。喷打的优点是打印质量好、噪声小、可以以较低成本实现彩色打印，而缺点则是打印速度较慢、墨水较贵且用量较大、打印量较小。因此，喷墨打印机主要适用于家庭和小型办公室打印量不大、打印速度要求不高的低成本彩色打印环境。

激光打印机的工作原理与前两者相差较大，具有优异的分辨率、良好的打印品质和极高的输出速度，以及多功能和全自动化的输出性能，但其缺点是价格较高。激光打印机根据应用环境可以分为普通激光打印机、彩色激光打印机和网络激光打印机三种。

打印机的主要性能指标为打印分辨率和打印速度。

打印分辨率即每英寸打印点的数目，包括纵向与横向两个方向，它决定打印效果的清晰度。针打的分辨率一般为 180 dpi，由于针打的纵向分辨率是既定的，所以这个数值通常是指横向分辨率。激光打印机的分辨率同样也有纵向与横向两个方向的指标，如分辨率为 1 200×1 200，即表明其两个方向的分辨率均为 1 200 dpi。

打印速度通常用 ppm 和 ipm 来衡量。ppm 表示每分钟打印纸张数；ipm 表示每分钟打印图像数。

### 3.2.4　主板

主板，又称系统板、母板，著名的主板品牌有华硕（ASUS）、技嘉（Gigabyt）、微星（MSI）等。主板生产有两个标准：ATX（advanced technology extended）主板标准和 BTX（balanced technology extended）主板标准，标准规定了主板的物理尺寸。主板上有 CPU 插座、北桥芯片、南桥芯片、BIOS（基本输入/输出系统）芯片、CMOS（互补金属氧化物半导体）芯片、PCI（外设部件互连标准）总线插槽、给 CMOS 芯片供电的锂电池等。其中，由南桥和北桥等芯片构成的芯片组被称为主板的灵魂。芯片组集中了主板上几乎所有的控制功能，把复杂的控制电路和元件最大限度地集成在 2～4 块芯片内，是构成主板电路的核心。一定意义上讲，芯片组决定了主板性能的好坏，以及主板上能安装内存的最大容量、速度和可使用的内存条类型。按照在主板上排列位置的不同，芯片组通常分为北桥芯片和南桥芯片。北桥芯片通常在靠近 CPU 插槽的位置，南桥芯片通常在靠近 PCI 总线插槽的位置。CPU 的类型不同，通常需要不同的芯片组。

主板的性能很大程度上取决于主板上 BIOS 的管理功能。BIOS 程序是一组固化到计算机主板上一个 ROM 芯片上的程序，它可从 CMOS 中读写系统设置的具体信息，其主要功能是为计算机提供最底层的、最直接的硬件设置和控制。

BIOS 主要包含 4 部分程序：加电自检程序、基本外围设备的驱动程序、系统装入（自举）程序、CMOS 设置程序。

(1) 加电自检（power on self test，POST）程序的功能是：当接通计算机的电源时，系统首先执行 BIOS 的 POST 程序，测试计算机硬件故障，确定计算机的下一步操作。

(2) 基本外围设备的驱动程序：键盘、显示器和硬盘灯硬件的驱动必须预先存放在 ROM 中，成为 BIOS 的组成部分。声卡、网卡、扫描仪、打印机等驱动可以不预存在 ROM 中，而是直接在硬盘上。还有些外围设备（比如显卡）的驱动程序放在卡自带的 ROM 中。开机时，BIOS 先检查是否有自带 ROM 的卡，如果找到了卡，则卡上自带 ROM 中的驱动程序就被执行。

(3) 系统装入（自举）程序的功能是：当自检完成后，若系统无致命错误，将转入 BIOS 的下一步骤，即执行 BIOS 中的装入程序。自举程序读出引导程序，然后将控制权交给引导程序，由引导程序继续启动操作系统。

(4) CMOS 设置程序的功能是：修改 CMOS 中的硬件信息。CMOS 是一块易失性存储器，作用是存放用户对计算机硬件所做的设置，包括系统的日期和时间、系统的口令、启动系统时访问外存的顺序等。这些信息一旦丢失，系统将无法正常工作。

### 3.2.5　总线

任何一个微处理器都要与一定数量的部件和外围设备连接，但如果将各部件和每一种外围设备都分别用一组线路与 CPU 直接连接，那么连线将会错综复杂，甚至难以实现。为了简化硬件电路设计和系统结构，常用一组线路来配置适当的接口电路，与各部件和外围设备连接，这组共用的连接线路被称为总线。采用总线结构便于部件和设备的扩充，尤其制定了统一的总线标准，也容易使不同的设备间实现互连。

根据连接的部件不同，总线可分为内部总线和系统总线。内部总线是同一部件内部连接的总线;系统总线是计算机内部不同部件之间连接的总线。有时候也会把主机和外部设备之间连接的总线称为外部总线,但依然属于系统总线的范畴。

根据功能的不同,系统总线又可以分为三种:数据总线(DB)、地址总线(AB)和控制总线(CB)。数据总线是负责传送数据信息的总线,这种传输是双向的,也就是说它既能将数据读入CPU,也支持从CPU读出数据;地址总线是用来识别内存位置或I/O设备的端口,并将CPU连接到内存以及I/O设备的线路组,用于传输数据地址;控制总线是传递控制信号,对数据总线和地址总线进行访问和使用的总线。

#### 3.2.5.1 内部总线

1. I2C总线

I2C(inter-integrated circuit)总线由荷兰飞利浦(Philips)公司推出,是近年来在微电子通信控制领域广泛采用的一种新型总线标准。它是同步通信的一种特殊形式,具有接口线少、控制方式简化、器件封装形式小、通信速率较高等优点。在主从通信中,可以有多个I2C总线器件同时接到I2C总线上,通过地址来识别通信对象。

2. SPI总线

SPI(serial peripheral interface,串行外围设备接口)总线技术是美国摩托罗拉(Motorola)公司推出的一种同步串行接口。摩托罗拉公司生产的绝大多数微程序控制器(microprogrammed control unit,MCU)都配有SPI硬件接口。SPI总线是一种三线同步总线,因其硬件功能很强,所以与SPI有关的软件就很简单,使CPU有更多时间处理其他事务。

3. SCI总线

SCI(serial communication interface,串行通信接口)也是由摩托罗拉公司推出的。它是一种通用异步通信接口(universal asynchronous receiver/transmitter,UART),与MCS-51单片机的异步通信功能基本相同。

#### 3.2.5.2 系统总线

1. ISA总线

ISA(industrial standard architecture)总线标准是IBM公司于1984年为推出PC/AT机而建立的系统总线标准,也叫AT(advanced technology)总线。它是对XT(extended technology)总线的扩展,以适应8/16位数据总线的要求。ISA总线在80286至80486时代应用非常广泛,现在奔腾机中还保留有ISA总线插槽,ISA总线有98只引脚。

2. EISA总线

EISA(extended industry standard architecture)总线是1988年由原康柏(Compaq)等9家公司联合推出的总线标准。它在ISA总线的基础上使用双层插座,在原来ISA总线的98条信号线上又增加了98条信号线,也就是在两条ISA信号线之间添加一条EISA信号线。在实际应用中,EISA总线完全兼容ISA总线信号。

3. VESA总线

VESA(video electronics standard association)总线是1992年由60家附件卡制造商联合推出的一种局部总线,简称为VL(VESA local)总线。它的推出为微机系统总线体系结构的革新奠定了基础。该总线系统考虑CPU与主存和缓存的直接相连,通常把这部分总线称为 CPU 总线或主总线；其他设备通过 VL 总线与 CPU 总线相连，所以 VL 总线被称为局部总线。VL 总线定义了 32 位数据线，且可通过扩展槽扩展到 64 位，使用 33 MHz 时钟频率，最大传输率达 132 MB/s，可与 CPU 同步工作。VL 总线是一种高速且高效的局部总线，可支持 386SX、386DX、486SX、486DX 及奔腾微处理器。

4. PCI 总线

PCI(peripheral component interconnect)总线是当前最流行的总线之一，它是由 Intel 公司推出的一种局部总线。它定义了 32 位数据总线，且可扩展至 64 位。PCI 总线主板插槽的体积比原 ISA 总线插槽还小，其功能比 VESA 总线、ISA 总线有极大的改善，支持突发读写操作，最大传输速率可达 132 MB/s，可同时支持多组外围设备。PCI 局部总线不能兼容现有的 ISA 总线、EISA 总线和 MCA(micro channel architecture)总线，但它不受制于处理器，是基于奔腾等新一代微处理器而发展起来的总线。

5. Compact PCI 总线

以上所列举的几种系统总线一般都用于商用 PC 机中，在计算机系统总线中，还有另一大类为适应工业现场环境而设计的系统总线，比如 STD(standard data)总线、VME(versa module eurocard)总线、PC/104 总线等。这里仅介绍当前工业计算机应用较为广泛的 Compact PCI 总线。

Compact PCI 总线是当今第一个采用无源总线底板结构的 PCI 系统，是一种基于标准 PCI 总线的小巧而坚固的高性能总线技术。Compact PCI 利用 PCI 的优点，提供满足工业环境应用要求的高性能核心系统，同时还充分利用传统的总线产品，如 ISA、STD、VME 或 PC/104 来扩充系统的 I/O 和其他功能。

#### 3.2.5.3　外部总线

1. RS-232-C 总线

RS-232-C 是美国电子工业协会(Electronic Industry Association，EIA)制定的一种串行物理接口标准。RS 是英文“recommend standard”的缩写，意思是推荐标准，232 为标识号，C 表示修改次数。RS-232-C 总线标准设有 25 条信号线，包括一个主通道和一个辅助通道，在多数情况下主要使用主通道，对于一般的双工通信，仅需几条信号线就可实现，如一条发送线、一条接收线及一条地线。RS-232-C 标准规定的数据传输速率为 50 波特、75 波特、100 波特、150 波特、300 波特、600 波特、1 200 波特、2 400 波特、4 800 波特、9 600 波特、19 200 波特。RS-232-C 标准规定，驱动器允许有 2 500 pF 的电容负载，通信距离将受此电容限制。例如，采用 150 pF/m 的通信电缆时，最大通信距离为 15 m；若每米电缆的电容量减小，通信距离可以增加。RS-232 属单端信号传送，存在共地噪声和不能抑制共模干扰等问题，因此一般用于 20 m 以内的通信。

2. RS-485 总线

RS-485 总线采用平衡发送和差分接收方式，具有抑制共模干扰的能力。同时，总线收发器灵敏度较高，能检测低至 200 mV 的电压，传输信号能在千米以外得到恢复，因此，RS-485 总线广泛用于传输距离较长(几十米到上千米)的情况。RS-485 采用半双工工作方式，任何时候只能有一点处于发送状态，因此，发送电路须由使能信号加以控制。RS-485 用于多点互连时非常方便，可以省掉许多信号线。应用 RS-485 可以联网构成分布式系统，其允许最多并联 32 台驱动器和 32 台接收器。

3. IEEE-488 总线

RS-232-C 总线和 RS-485 总线是串行总线，而 IEEE-488 总线是并行总线接口标准。IEEE-488 总线用来连接系统，例如微计算机、数字电压表、数码显示器等设备及其他仪器仪表均可用 IEEE-488 总线装配起来。IEEE-488 总线按照位并行、字节串行双向异步方式传输信号，连接方式为总线方式，仪器设备直接并联于总线上而不需中介单元，但总线上最多可连接 15 台设备。其最大传输距离为 20 m，信号传输速度一般为 500 KB/s，最大传输速度为 1 MB/s。

4. USB 总线

通用串行总线(universal serial bus，USB)是由 Intel、IBM 等 7 家世界著名的计算机和通信公司共同推出的一种新型接口标准。它基于通用连接技术，实现外设的简单快速连接，达到方便用户、降低成本、扩展 PC 连接外设范围的目的。USB 总线可以为外设提供电源，而不像普通的使用串、并口的设备需要单独的供电系统。另外，快速是 USB 技术的突出特点之一，USB 3.0 的最高传输率可达 625 MB/s，而且 USB 还能支持多媒体。

### 3.2.6 I/O 接口

I/O 接口是主机与被控对象进行信息交换的纽带，主机通过 I/O 接口与外部设备进行数据交换。计算机系统有多个 I/O 接口，可以从不同角度对 I/O 接口进行分类。按照数据传输方式可将接口分为串行接口(一次只传输 1 位)和并行接口(8 位或者 16 位、32 位一起并行传输)；按照数据传输速率可将接口分为高速接口和低速接口；按照是否能连接多个设备可将接口分为总线式接口(可连接多个设备，被多个设备共享)和独占式接口(只能连接 1 个设备)；按照是否符合标准可将接口分为标准接口(通用接口)和专用接口。

最常见的 I/O 接口就是 USB 接口，它是一个通用串行总线式接口，具有高速、串行传输、可连接多个设备等特点。USB 1.1 最低速度为 1.5 Mb/s，最高速度为 12 Mb/s；USB 2.0 速度可达 480 Mb/s。USB 3.0 最大传输带宽高达 5.0 Gb/s，也就是 625 MB/s，现已广泛应用。USB 3.1 规范于 2013 年发布，可以提供两倍于 USB 3.0 的传输速度(即 10 Gb/s)，而且支持正、反插。但 USB 3.1 不能向下支持，需要使用转接头。USB 接口支持即插即用，它使用一个 4 针插头作为标准插头，可连接数码相机、扫描仪、鼠标、键盘等多种 I/O 设备。PC 机常用的 I/O 接口见表 3-1。

**表 3-1 PC 机常用的 I/O 接口**

| 名称 | 数据传输方式 | 数据传输速率 | 可连接的设备数目/个 | 通常连接的设备 |
|---|---|---|---|---|
| USB 2.0 | 串行 | 60 MB/s | 最多 127 | 外接硬盘、键盘、鼠标、数码相机、数字视频设备、扫描仪 |
| USB 3.0 | 串行 | 625 MB/s | 最多 127 | 同上 |
| IEEE 1394 | 串行 | 800 MB/s | 最多 63 | 数字视频设备 |
| IDE(ATA-7) | 并行 | 133 MB/s | 1～4 | 硬盘、光驱、软驱 |
| VGA 接口 | 并行 | 200～500 MB/s | 1 | 显示器 |

表 3-1(续)

| 名称 | 数据传输方式 | 数据传输速率 | 可连接的设备数目/个 | 通常连接的设备 |
| --- | --- | --- | --- | --- |
| PS/2 接口 | 串行 | 低速 | 1 | 键盘或鼠标 |
| IrDA | 串行 | 4 MB/s | 1 | 键盘、鼠标、打印机 |
| SATA | 串行 | 约 600 MB/s | 1 | 硬盘 |

## 3.3　软件概念及分类

### 3.3.1　软件的概念及特点

软件一般指设计比较成熟、功能比较完善、具有某种使用价值且具有一定规模的程序，它是计算机中运行的各种程序及其处理的数据和相关文档的集合。其中，程序是软件的主体。软件＝数据＋程序＋文档。

软件具有以下特点。

(1) 抽象性：软件是无形的，没有物理形态，只能通过运行状况来了解其功能、特性等。

(2) 适用性：可以适应一类应用问题的需要。

(3) 依附性：依附于特定的硬件、网络和其他软件。

(4) 复杂性：规模越来越大，开发人员越来越多，开发成本也越来越高。

(5) 无磨损性：不会像硬件一样老化磨损，但存在缺陷维护和技术更新问题。

(6) 易复制性：可以非常容易且毫无失真地进行复制，形成多个副本。

(7) 脆弱性：黑客攻击、病毒入侵、信息盗用。

### 3.3.2　软件的分类

从应用角度可将软件分为系统软件和应用软件两类。

(1) 系统软件：控制和维护计算机的正常运行，管理计算机的各种资源，以满足应用软件的需要。如操作系统、语言处理程序、数据库管理系统等。

(2) 应用软件：专门用于帮助用户解决各种具体应用问题的软件，在系统软件的支持下，才能运行。应用软件又可分为通用应用软件和定制应用软件两种。常用的 Office 办公软件、媒体播放软件、网络通信软件、绘图软件、信息检索软件、游戏软件等都属于通用应用软件，而大学教务管理系统、酒店客房管理系统、医院信息管理系统等属于定制应用软件。

从知识产权角度可将软件分为商品软件、共享软件、自由软件和免费软件等。

(1) 商品软件：用户付费才能得到其使用权，它除了受版权保护外，通常还受到软件许可证的保护。

(2) 共享软件：也称为试用软件。具有版权，可免费试用一段时间，允许复制和散发(但不可修改)，过了试用期若还想继续使用，就需要交一笔注册费，成为注册用户。

(3) 自由软件：指开放源代码软件。用户可共享，并允许随意复制、修改其源代码，允许销售和自由传播。对软件源代码的任何修改都必须向所有用户公开，还必须允许此后的用户享有进一步复制和修改的自由。

(4) 免费软件:不需要付费即可以获得使用权,如 PDF 阅读器、Flash 播放器等。

# 3.4 操作系统

## 3.4.1 相关基本概念及功能

操作系统(operating system,简称 OS)是用于管理和控制计算机所有硬件和软件资源、合理地组织计算机工作流程以及方便用户使用计算机的程序的集合,是直接运行在“裸机”上的最基本的系统软件,任何其他软件在操作系统的支持下才能运行。

虚拟机是指安装了操作系统的计算机,是对裸机的扩展。没有安装任何软件的计算机称为裸机。虚拟机=裸机+操作系统。操作系统的地位如图 3-3 所示。

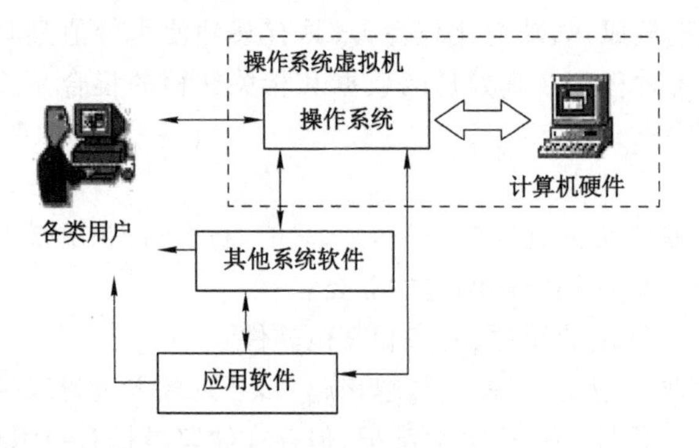


图 3-3 操作系统的地位

操作系统的作用主要有:

(1) 为计算机中运行的程序管理和分配各种软硬件资源。

(2) 为用户提供友善的人机界面。

(3) 为应用程序的开发和运行提供一个高效率的平台。

操作系统的功能如下。

(1) 处理机管理(又称 CPU 管理):并发多任务,是指前台任务和后台任务都能分配到 CPU 的使用权,因而可以同时运行。从宏观上看,多任务是同时执行的,从微观上看,任何时刻只有一个任务正被 CPU 执行,即这些程序是由 CPU 轮流执行的。

为了支持多任务处理,操作系统中的处理器调度程序负责把 CPU 时间分配给各个任务,这样才能使多个任务同时执行。主要方法有时间片轮转和优先级调度。

(2) 存储管理:操作系统采用虚拟存储技术对存储空间进行扩充,使应用程序的存储空间不受实际存储容量的限制。

(3) 设备管理:负责对系统中各种输入/输出设备进行管理,处理用户的输入/输出请求,方便有效安全地完成输入/输出操作。例如,操作系统可通过技术使某台打印机成为能被多个用户共享的设备,以提高设备利用率及加速程序的执行过程。这种只为用户所感觉到而实际上并不存在的设备,称为逻辑设备或虚拟设备。

（4）文件管理：主要负责如何在外存储器中为创建文件而分配外存空间，为删除文件而收回空间，并对空闲空间进行管理。

### 3.4.2　操作系统分类

操作系统分类如图 3-4 所示。以下主要介绍按系统功能划分的批处理操作系统、分时操作系统、实时操作系统和网络操作系统。

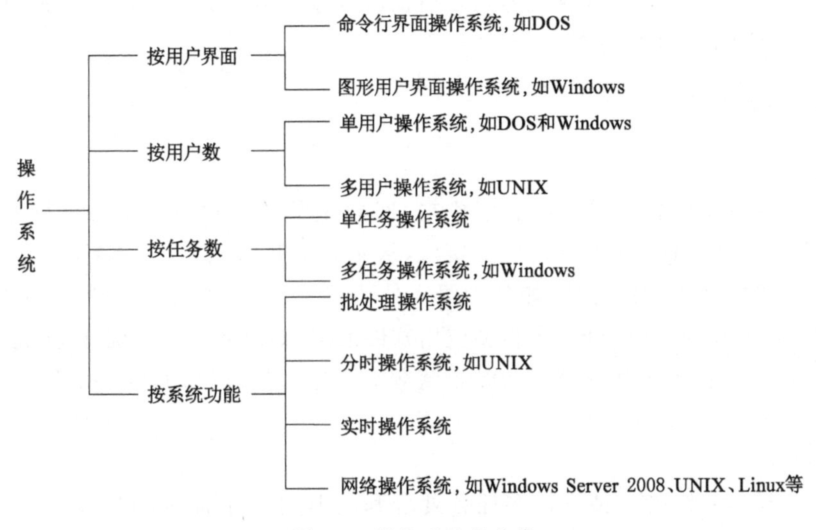


图 3-4　操作系统的分类

批处理操作系统的基本工作方式是用户将作业交给系统操作员，系统操作员将许多用户的作业组成一批作业，之后输入到计算机中，在系统中形成一个自动转接的连续的作业流，然后启动操作系统，系统自动依次执行每个作业，最后由操作员将作业结果交给用户。其特点是多道和成批处理。批处理系统分为单道批处理系统和多道批处理系统。

分时操作系统的基本工作方式是一台计算机主机连接了若干个终端，每个终端可由一个用户使用。用户通过终端交互式地向系统发出命令请求，系统接收每个用户的命令，采用时间片轮转方式处理服务请求，并通过交互方式在终端上向用户显示结果，用户根据系统送回的处理结果发出下一道交互命令。分时操作系统将 CPU 的时间划分成若干个小片段，称为时间片，操作系统以时间片为单位，轮流为每个终端用户服务，每个用户轮流使用一个时间片而并不感到有别的用户存在。分时操作系统具有多路性、交互性、独占性和及时性的特点。

（1）多路性是指有多个用户在同时使用一台计算机。

（2）交互性是指用户根据系统响应的结果提出下一个请求。

（3）独占性是指用户感觉不到计算机为其他人服务。

（4）及时性是指系统能够对用户提出的请求及时给予响应。

常用的通用操作系统是分时操作系统与批处理操作系统的结合。其原则是：分时优先，批处理在后。前台响应需频繁交互的作业，如终端的要求；后台处理时间性要求不强的作业。典型的通用操作系统是 UNIX 操作系统。

实时操作系统是指使计算机能及时响应外部事件的请求，在规定的时间内完成该事件的处理，并控制所有实时设备和实时任务协调一致地工作的操作系统。实时操作系统主要目标是对外部请求在严格时间范围内做出反应，具有高度可靠性和完整性，具有较强的容错能力。

网络操作系统是基于计算机网络的，在各种计算机操作系统之上按网络体系结构协议标准设计开发的软件，主要包括网络管理、通信、安全、资源共享和各种网络应用。在网络操作系统支持下，网络中的各台计算机能互相通信和共享资源。其主要特点是通过与网络的硬件结合来完成网络的通信任务。

### 3.4.3 常用操作系统

1. DOS

DOS 操作系统是微软公司研制的配置在 PC 机上的单用户单任务命令行界面操作系统，它提供的是一种以字符为基础的用户接口，从 4.0 版开始成为支持多任务的操作系统。DOS 系统有众多的通用软件支持，如各种语言处理程序、数据库管理系统、文字处理软件、电子表格等。而且围绕 DOS 开发了很多应用软件系统，如财务、人事、统计、交通、医院等各种管理系统。鉴于这个原因，尽管 DOS 已经不能适应 32 位机的硬件系统，但是仍广泛流行。

2. Windows

Windows 操作系统是一种提供多任务处理和图形用户界面（graphical user interface，GUI）的操作系统，用户只要使用鼠标，点击相关的图标就可以完成各种操作命令。随着计算机硬件和软件的不断升级，Windows 也在不断升级，从架构的 16 位、32 位再到 64 位，甚至 128 位，系统版本从最初的 Windows 1.0 到大家熟知的 Windows 95、Windows 98、Windows ME、Windows 2000、Windows 2003、Windows XP、Windows Vista、Windows 7、Windows 8、Windows 8.1、Windows 10 和 Windows Server 服务器企业级操作系统，不断更新，是目前世界上应用最广泛的操作系统。Windows 操作系统版本的发展历程如表 3-2 所示。

**表 3-2 Windows 操作系统版本的发展历程**

| 操作系统名称 | 发布年份 | 类型 |
|---|---|---|
| Windows 1.0 | 1985 年 | 桌面操作系统 |
| Windows 2.0 | 1987 年 | 桌面操作系统 |
| Windows 3.0 | 1990 年 | 桌面操作系统 |
| Windows 3.1 | 1992 年 | 桌面操作系统 |
| Windows NT Workstation 3.5 | 1994 年 | 桌面操作系统 |
| Windows NT 3.5x | 1994 年 | 服务器操作系统 |
| Windows 95 | 1995 年 | 桌面操作系统 |
| Windows NT Workstation 4.x | 1996 年 | 桌面操作系统 |

表3-2(续)

| 操作系统名称 | 发布年份 | 类型 |
|---|---|---|
| Windows NT Server 4.0 | 1996年 | 服务器操作系统 |
| Windows 98 | 1998年 | 桌面操作系统 |
| Windows 2000 | 2000年 | 桌面操作系统 |
| Windows Me | 2000年 | 桌面操作系统 |
| Windows 2000 Server | 2000年 | 服务器操作系统 |
| Windows XP | 2001年 | 桌面操作系统 |
| Windows Server 2003 | 2003年 | 服务器操作系统 |
| Windows Vista | 2006年 | 桌面操作系统 |
| Windows Server 2008 | 2008年 | 服务器操作系统 |
| Windows 7 | 2009年 | 桌面操作系统 |
| Windows 8 | 2012年 | 桌面操作系统 |
| Windows Server 2012 | 2012年 | 服务器操作系统 |
| Windows 10 | 2015年 | 桌面操作系统 |
| Windows Server 2016 | 2016年 | 服务器操作系统 |
| Windows Server 2019 | 2019年 | 服务器操作系统 |
| Windows 11 | 2021年 | 桌面操作系统 |
| Windows Server 2022 | 2022年 | 服务器操作系统 |

3. UNIX

UNIX操作系统是美国贝尔实验室开发的一种通用的多用户分时操作系统，其主要特点是结构简单，功能强大，可移植性好，可伸缩性和互操作性强，网络通信功能丰富，安全可靠等。UNIX为用户提供了一个分时系统以控制计算机的活动和资源，并且提供了一个交互、灵活的操作界面。UNIX能够同时运行多进程，支持用户之间共享数据，支持模块化结构。

4. Linux

Linux是一个多用户、多任务的操作系统，它与UNIX完全兼容，是目前广泛使用的主流操作系统，是可移植性最好的操作系统内核。Linux操作系统是一个源代码公开的自由及开放源码的操作系统，其内核源代码可以自由传播。

5. Mac OS

Mac OS是一套运行于苹果Macintosh系列电脑上的操作系统，是美国苹果计算机公司为它的Macintosh计算机设计的操作系统，该机型于1984年推出，在当时的PC还只是DOS枯燥的字符界面的时候，Mac OS率先采用了一些至今仍为人称道的技术。比如：GUI图形用户界面、多媒体应用、鼠标等，Macintosh计算机在出版、印刷、影视制作和教育等领域有着广泛的应用。

# 第4章 计算机网络与安全基础

当今世界，计算机网络已成为老幼皆知的名词。那么什么是计算机网络？它有哪些基本类型？网络安全的基本概念是什么？如何进行基本的防御？如何处理和防御计算机病毒？本章内容将解答这些问题。

本章学习目标与要求：

(1) 了解计算机网络的基本概念、组成和分类。

(2) 了解 Internet 的基本概念。

(3) 了解 TCP/IP 基本协议、IP 地址和常见的接入方式。

(4) 了解 Internet 的常见应用。

(5) 了解网络安全的基本概念。

(6) 掌握计算机病毒的处理及防御。

## 4.1 通信的基本概念

从广义的角度来说，通信是指各种信息的远距离传递。现代通信技术是使用电波或光波双向传递信息的技术，通常称为电信(telecommunication)。通信有三个要素：信源(信息的发送者)、信宿(信息的接收者)和信道(信息的载体与传播媒介)，如图 4-1 所示。

图 4-1 通信系统的简单模型

下面是通信中的几个基本概念。

1. 模拟信号

简单来说，模拟信号是指用连续变化的物理量表示的信息，其信号的幅度(或频率、相位)随时间连续变化[图 4-2(a)]，如广播的声音信号、磁带录音机播放的音乐等。

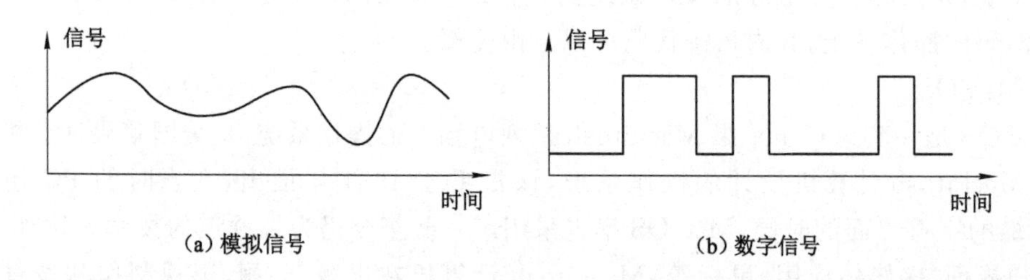


图 4-2 模拟信号与数字信号

2. 数字信号

数字信号是信号的物理量(电压或电流)在时间上和数值(幅度)上不连续的(即离散的)信号[图 4-2(b)]。典型的数字信号波形有对称方波、非对称矩形波，如计算机串行口输入输出的信号。

3. 调制

调制一般指发送方将数字信号转换成模拟信号的过程。

4. 解调

解调一般指接收方将模拟信号还原为数字信号的过程。

5. 带宽

模拟信道的带宽是信道所能通过信号的最高频率与最低频率的差值，单位为 Hz。频带越宽，所能通过的信号就越多。例如，人的声音频率范围是 20～20 000 Hz。

数字信道的带宽通常指数字信道的最高传输速率，即单位时间内传输的最大比特数，单位为 bit/s(或 b/s)。

换算关系为：1 Kb/s=1 000 b/s，1 Mb/s=1 000 Kb/s。

6. 信道

信道是信息的传输通道(通信线路)。信道可以是一个物理链路，也可以是电磁频谱范围内的一个频段。信道由传输介质和相关的中间通信设备组成。

信道的传输模式(根据信号在信道上的传输方向)有如下三种。

① 单工：数据单向传输(如电视广播)；

② 半双工：数据可以双向传输，但不能在同一时刻双向传输(如对讲机)；

③ 全双工：数据可同时双向传输(如电话)。

目前大多数网络中的通信都实现了全双工通信。

按构成信道的传输介质，信道可分为有线信道和无线信道。有线信道的传输介质为传输线(双绞线、同轴电缆、光缆)，无线信道的传输介质为空间电磁波(无线电波、微波、红外线、激光)。

按信道中能够传输的信号类型，信道可分为模拟信道和数字信道。模拟信道能传输模拟信号，但不能传输数字信号(衰减较大)，如电话线、宽带同轴电缆、光纤。传输模拟信号要求频带窄，信道利用率高，其受噪声干扰大。数字信道既能够传输数字信号，也可以传输模拟信号，如双绞线、光纤(早期)。现在计算机通信所使用的通信信道在主干线路上均为数字信道。

7. 多路复用技术

为了提高通信中传输线路的利用率，减少费用，在一条物理信道上，同时传输多路信号，如声音、数据等，这种技术称为多路复用技术。多路复用通常分为频分多路复用、时分多路复用、波分多路复用、码分多路复用四种。

频分多路复用(frequency division multiple access，FDMA)是指将一个物理信道的频带分成多个部分，每一部分均可作为一个独立的信道传输模拟信号。这样在一个物理信道中可同时传送多路模拟信号，而每一路模拟信号所占用的只是物理信道中的一个频段，如有线电视、无线电广播。频分制通信又称载波通信，它是模拟通信的主要手段。

时分多路复用(time division multiple address，TDMA)是指把一个传输通道进行时间分割以传送若干路信息。把多个终端设备接到一条公共的物理信道上，按一定的次序轮流给各个设备分配一段使用物理信道的时间。时分制通信也称时间分割通信，是数字多路复用通信的主要方法。

波分多路复用(wavelength division multiple access，WDMA)技术是将一系列载有信息但波长不同的光信号合成一束，沿着单根光纤传输，在接收端再用某种方法将各个不同波长的光信号分开的通信技术。

码分多路复用(code division multiple access，CDMA)是指利用各路信号码型结构正交性实现多路复用的通信方式。

8. 数据交换技术

数据交换技术使用交换设备实现多对终端设备之间的互连，以满足多用户通信的需要，中转的节点称为交换节点。常用的有电路交换、报文交换、分组交换三种交换技术。

电路交换是在数据传输期间源节点与目的节点之间建立一条专用物理线路，通信完毕后，通信链路即被拆除的交换方式。这种交换方式比较简单，特别适合远距离成批数据传输，建立一次连接就可以传送大量数据。缺点是线路的利用率低，数据传输速度慢，通信成本高。

报文交换是一种信息传递的方式。报文交换不要求在两个通信节点之间建立专用通路。节点把要发送的信息组织成一个报文，该报文中含有目标节点的地址，然后根据网络中的交通情况在适当的时候转发到下一个节点，经过多次的存储转发，最后到达目标节点。其中的交换节点要有足够大的存储空间，用以缓冲收到的长报文。报文交换的优点是不用建立专用链路，线路利用率较高，但缺点是通信中有等待时延。

分组交换也称为包交换，它将用户通信的数据划分成多个小的等长数据段，在每个数据段的前面加上必要的控制信息作为数据段的首部，每个带有首部的数据段就构成了一个分组。首部指明了该分组发送的地址，交换节点收到分组之后，根据首部中的地址信息将分组转发到目的地，所有分组到达目的地后，剥去首部，抽出数据部分，还原成报文，这个过程就是分组交换。分组交换的线路利用率较高，收发双方不需要同时工作，可以给数据包建立优先级，使得一些重要的数据包能优先传递。

9. 移动通信

移动通信是指处于移动状态的对象之间的通信，包括蜂窝移动、集群调度、无绳电话、寻呼系统和卫星系统等。最有代表性的移动通信是手机，它属于蜂窝移动系统。移动通信系统由移动台、基站、移动电话交换中心等组成。

第一代个人移动通信采用的是模拟技术，使用频段为800/900 MHz，称之为蜂窝式模拟移动通信系统。

第二代移动通信系统即全球移动通信系统(global system for mobile communications，GSM)提供语音通话和低速数据业务。GSM提供了分组交换和分组传输方式的数据业务(general packet radio service，GPRS)，它可以在移动网内部或GPRS网与因特网之间进行数据传送，如收发电子邮件。

第三代移动通信系统是由国际电信联盟提出的，称为IMT-2000。它的主流技术标准有三种：WCDMA，CDMA2000，TD-SCDMA。其中TD-SCDMA是由我国提出的。

第四代移动通信系统(4G)可称为广带接入和分布网络系统，具有非对称特性和超过

2 Mb/s 的数据传输速率。它包括广带无线固定接入、广带无线局域网、移动广带系统和互操作的广播网络。该技术包括 TD-LTE 和 FDD-LTE 两种制式。目前 4G 峰值传输速率能够达到 100 Mb/s,并能够满足几乎所有用户对无线服务的要求。

第五代移动通信是指第五代移动电话行动通信标准,也称第五代移动通信技术(5G),是 4G 的延伸。5G 网络的优点是可以提供更高的数据传输速率和更低的时延,5G 最高传输速率可以达到 10 Gb/s,最低时延可以到达 1 ms。这使得 5G 网络可以支持更多的高速数据传输、大规模物联网和智能制造等应用。此外,5G 网络还可以支持更多的用户同时使用,网络容量更大,网络覆盖范围更广。

# 4.2　计算机网络与 Internet 基础

计算机网络是 20 世纪中期发展起来的一项新技术,是计算机技术与通信技术相结合的产物。计算机网络对人们生活方式产生了深刻的影响,可以毫不夸张地说,在信息科技高速发展的 21 世纪,谁掌握了网络,谁就掌握了未来。

## 4.2.1　计算机网络的发展

计算机网络的发展,大致可以分为四个阶段。

(1) 20 世纪 50 年代中期——远程终端联机阶段

第一代计算机网络是以单个计算机为中心的远程联机系统。其典型的应用是由一台计算机和全美的 2 000 多个终端组成的飞机订票系统。该系统除主机具有独立的数据处理功能外,计算机网络中所连接的终端设备均无处理数据的功能,也不能为中心的计算机提供服务,因此无法实现资源共享,网络功能以数据通信为主。

(2) 20 世纪 60 年代中期——多主机互联阶段

美国国防部高级研究计划署在 1969 年将分散在不同地区的计算机组成 ARPA (advanced research projects agency)网,它也是 Internet 最早的发源地。最初的 ARPA 网只连接了 4 台计算机,但到 1983 年,已经有 400 多台不同体系的计算机连接到了 ARPA 网上。ARPA 网奠定了计算机网络的基础,它标志着计算机网络的发展进入了第二代。此时,计算机网络发生了本质的变化,产生了多处理中心。

(3) 20 世纪 70 年代——计算机网络互连阶段

20 世纪 70 年代,不少公司推出了自己的网络体系结构,同一体系结构的网络设备互连是非常容易的,但不同体系结构的网络互连却十分困难。

为了解决不同公司网络产品的互连问题,国际标准化组织(ISO)在 1977 年制定了开放系统互连参考模型(open system interconnect/reference model,OSI/RM),如图 4-3 所示,以实现更大范围的计算机资源共享。OSI 参考模型虽然被看好,但是由于没把握好时机,技术不成熟,实现困难等因素,该模型并没有成为事实标准,仅作为理论的参考模型被广泛使用。第三代计算机网络是具有统一的网络体系结构并遵循国际标准的开放式和标准化的网络。

(4) 20 世纪 90 年代——信息高速公路

随着信息高速公路计划的提出和实施,计算机网络在地域、用户、功能和应用等方面不

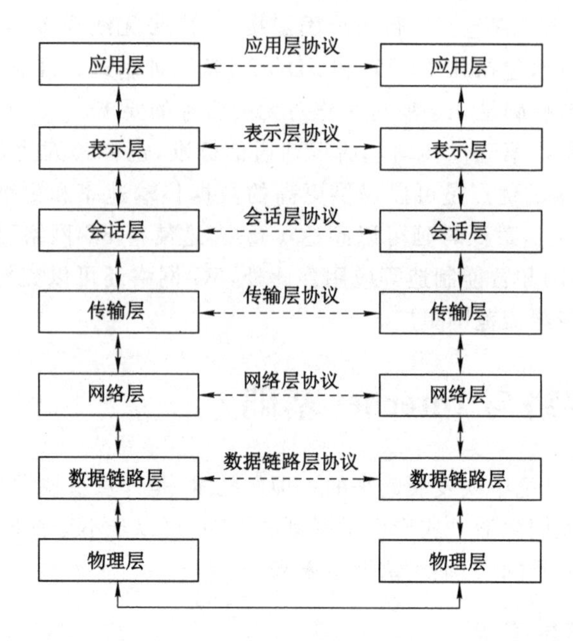


图 4-3 OSI 参考模型

断拓展，当今的世界已进入一个以网络为中心的时代。计算机网络技术向高速化、宽带化方向发展，计算机网络进入一个崭新的阶段。大家经常使用的 Internet，就是目前世界上最大的由众多网络互联而成的网络。

### 4.2.2 计算机网络的基础与组成

计算机网络定义为利用通信设备、通信线路和网络软件，把地理上分散且各自具有独立工作能力的计算机或其他智能设备以相互共享资源（硬件、软件和数据等）为目的连接起来的一个系统。概括起来，计算机网络有 3 个主要组成部分：若干主机，一个通信子网，一系列通信协议及网络软件。通信协议是通信双方事先约定好的必须遵守的规则，用于主机与主机之间、主机与通信子网之间、通信子网中各节点之间的通信，是计算机网络必不可少的组成部分。

### 4.2.3 计算机网络的功能

计算机网络的功能主要包括资源共享、数据通信和分布式处理。

#### 4.2.3.1 资源共享

网络中的资源包括硬件资源、软件资源和数据资源等。所谓资源共享就是指计算机网络允许网络上的用户共享网络资源，这样就避免了重复投资和劳动，从而提高了资源的利用率，使系统的整体性能得到提高。

#### 4.2.3.2 数据通信

计算机网络可以为分布在不同地点的用户快速传送文字、声音、图形等信息。例如网络聊天、视频会议、网络电话、电子邮件等，为人类提供了前所未有的方便。

#### 4.2.3.3　分布式处理

分布式处理可以将一个复杂的大任务分解成若干个子任务，由网络上的计算机分别处理其中的单个子任务，这样不仅可以提高整个系统的效率，还可以解决单机无法完成信息处理任务的问题。

### 4.2.4　计算机网络的分类

计算机网络分类的标准很多，按照计算机网络覆盖的范围，可以把网络分为局域网(LAN)、广域网(WAN)和城域网(MAN)。

#### 4.2.4.1　局域网

局域网(local area network，LAN)，是指在某一区域内由多台计算机互联成的网络。“某一区域”指的是同一办公室、同一建筑物、同一公司和同一学校等，覆盖范围一般是方圆几千米以内。

#### 4.2.4.2　城域网

城域网(metropolitan area network，MAN)，其覆盖地理范围介于局域网和广域网之间。网络的覆盖范围一般为 10～100 km，在一个大型城市或都市地区，一个 MAN 通常连接着多个 LAN，如政府机构的 LAN、医院的 LAN、电信的 LAN、公司企业的 LAN 等。

#### 4.2.4.3　广域网

广域网(wide area network，WAN)，是一种跨越大的、地域性的计算机网络的集合。广域网通常跨越省、市，甚至国家。广域网包括大大小小不同的子网，子网可以是局域网或者城域网，也可以是小型的广域网。

### 4.2.5　网络硬件与网络软件

计算机网络系统是由网络硬件系统和网络软件系统组成的。

#### 4.2.5.1　网络硬件系统

计算机网络的硬件指构成局域网的所有物理设备总和，分为三大部分：计算机设备、网络连接设备、传输介质。

1. 计算机设备

计算机设备包括网络服务器、工作站(主机)、共享外围设备等。

服务器是网络上一种为客户端计算机提供各种服务的高性能计算机，它在网络操作系统的控制下，将与其相连的硬盘、磁带、打印机、调制解调器及各种专用通信设备提供给网络上的客户站点共享，也能为网络用户提供集中计算、信息发表及数据管理等服务。它的高性能主要体现在高速度的运算能力、长时间的可靠运行、强大的外部数据吞吐能力等方面。工作站也称客户机，由服务器进行管理和提供服务，接入网络的任何计算机都属于工作站，其性能一般低于服务器。

2. 网络连接设备

网络连接设备包括网卡、调制解调器、集线器、交换机和路由器。

网卡又称为网络适配器，是计算机和网络之间的逻辑和物理链路。它用于实现网络数据格式与计算机数据格式的转换、网络数据的接收与发送等。

调制解调器俗称"猫",具有调制和解调两大功能。调制器把要发送的数字信号转换为频率范围在300～3 400 Hz之间的模拟信号,以便在电话用户线上传送。解调器把电话用户线上传送来的模拟信号转换为数字信号。调制解调器是一种计算机硬件,它能把计算机的数字信号翻译成可沿普通电话线传送的脉冲信号,而这些脉冲信号又可被线路另一端的另一个调制解调器接收,并翻译成计算机可懂的语言。这一简单过程完成了两台计算机间的通信。调制解调器按照传输速率的不同可分为低速调制解调器和高速调制解调器,常见的调制解调器传输速率有14.4 Kb/s、28.8 Kb/s,33.6 Kb/s、56 Kb/s等。

集线器的工作原理是把一个端口接收到的信息向所有端口分发出去,供网络上每一用户使用,并能对接收到的信号进行放大(扩音喇叭),以扩大网络的传输距离,起着中继器的作用。每个工作站用双绞线连接到集线器上,通过集线器建立局域网。

交换机是目前最热门的网络连接设备,它是实现端口先存储、后定向转发功能的数据转发设备,可以在信息源端口和目的端口之间实现低延迟、低开销。

路由器是用于完成异构网络互连工作的专用计算机。路由器的互连能力强,可自动进行协议的转换及帧格式的转换;不仅能实现数据分组转发,而且能根据网上信息拥挤的程度,查找和选用最佳路径来传递信息,从而实现各种不同物理网络的无缝连接。

3. 传输介质

传输介质就是数据通信系统中实际传送信息的载体,在网络中是连接收发双方的物理通路。传输介质可分为有线介质和无线介质。有线介质如双绞线、同轴电缆、光纤等;无线介质如微波、红外线等。采用无线介质的技术主要有微波通信、卫星通信、无线通信和红外线通信等。

#### 4.2.5.2 网络软件系统

网络软件系统由计算机网络协议、网络操作系统、网络应用软件组成。

1. 计算机网络协议

在计算机网络中,为使各计算机之间或计算机与终端之间能正确地传送信息,信息传输顺序、信息格式和信息内容等方面必须有一组约定或规则,即所谓的网络协议。没有协议,设备可以连接,但通信无法正常进行。常用的通信协议有TCP/IP协议。

2. 网络操作系统

网络操作系统(network operating system,NOS)是在普通操作系统的基础上按照网络体系结构和协议所开发的软件模块扩充而实现的。现在常用的NOS有Windows NT、Windows Server系列、UNIX和Linux等。

3. 网络应用软件

网络应用软件用于应用和获取网络上的共享资源,能够为网络用户提供各种服务。网络应用软件有IE浏览器、FTP传输软件、电子邮件等。

### 4.2.6 网络拓扑结构

网络中各站点相互连接的方式叫作网络拓扑结构。网络拓扑是指用传输媒体互连各种设备的物理布局,特别是计算机分布的位置以及传输介质如何分布。设计一个网络的时候,应根据自己的实际情况选择正确的拓扑结构,每种拓扑都有其优缺点。

#### 4.2.6.1　总线拓扑

总线拓扑结构的特点是网络中的节点均连接到一个单一连续的物理链路上，节点(计算机)容易扩充和删除，任意一个计算机的故障都不会造成系统崩溃，且造价低。但是这种结构对总线的依赖性高，总线任务重，易产生瓶颈问题，任何一处的故障都会导致节点无法完成数据的发送和接收，从而导致整个网络的瘫痪。

#### 4.2.6.2　星形拓扑

星形拓扑结构网络中的各节点均连接到一个中心设备上，由该中心设备向目的节点发送数据包。这种拓扑结构简单、传输速率高，每个节点(计算机)独占一条传输线路，消除了堵塞现象，易于管理。但是它的连线费用大，中心设备或集线器故障会危及全网，故对中心设备的要求较高。

#### 4.2.6.3　环形拓扑

把总线结构的两端相连就可以构成环形拓扑。环形拓扑结构网络的任何两个节点之间的通信必须通过环路，单条环路只能进行单向通信。这种结构的传输速率高，传输距离远，环路中各节点的地位和作用是相同的，传输信息的时间是固定的，因此便于实时控制。缺点是一个站点的故障会引起整个网络的崩溃。

#### 4.2.6.4　树形拓扑

树形拓扑是一种分级的结构，节点按层次进行连接。树形结构的优点是通信线路连接简单，网络管理软件也不复杂，这种结构容易扩展，故障容易分离处理，维护方便。但是它对根的依赖性很大，根发生故障整个系统就崩溃。同时，它的资源共享能力低，可靠性差。

#### 4.2.6.5　网状拓扑

在网状拓扑结构中，网络的每台设备之间均有点到点的链路连接。Internet 是当今世界上规模最大、用户最多、影响最为广泛的计算机互联网，其主干网采用的就是网状拓扑结构。

### 4.2.7　Internet 概述

在英语中，Inter 的含义是交互的或国际的，net 是指网络，简单地说，Internet 是一个计算机交互网络，又称国际互联网。它是一个全球的巨大的计算机网络体系，把全世界数万个计算机网络、数千万台主机连接起来，包含了难以计数的信息资源，向全世界提供信息服务。从网络通信角度来看，Internet 是一个采用统一的通信协议(TCP/IP)来连接各个国家、各个地区和各个机构的计算机网络的数据通信网。

#### 4.2.7.1　TCP/IP 模型概述

TCP/IP 协议是目前计算机网络广泛采用的协议，被人们称为事实上的国际标准。TCP/IP 协议是由 100 多个网络协议组成的协议族，在整个协议族中，传输控制协议(transmission control protocol，TCP)和互联网协议(internet protocol，IP)最具代表性，所以被称为 TCP/IP 协议。

TCP/IP 协议并不完全符合开放系统互连参考模型(OSI/RM)的七层框架模型。OSI/RM 是一种通信协议的 7 层抽象参考模型，其中每一层执行某一特定任务。该模型的作用是使各种硬件在相同的层次上相互通信。而 TCP/IP 协议采用了 4 层的层级结构，每一层都呼叫它的下一层所提供的网络来完成自己的需求。这 4 层分别为：应用层、传输层、网络层、网络接口层。TCP/IP 与 OSI/RM 对比如图 4-4 所示。

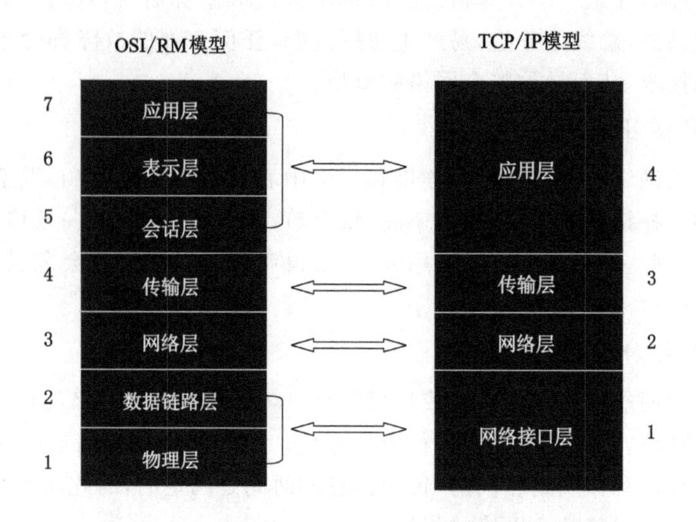


图 4-4 TCP/IP 与 OSI/RM 对比

应用层：应用程序间沟通的层，主要协议有简单电子邮件传输协议(simple mail transfer protocol，SMTP)、文件传输协议(file transfer protocol，FTP)、远程上机协议(telnet protocol)等。

传输层：传输层提供节点间的数据传送服务，主要协议有传输控制协议 TCP、用户数据报协议(user datagram protocol，UDP)等，TCP 和 UDP 给数据包加入传输数据并把它传输到下一层中，这一层负责传送数据，并且确定数据已被送达并接收。

网络层：负责提供基本的数据封包传送功能，让每一块数据包都能够到达目的主机(但不检查是否被正确接收)，该层主要协议层是互联网协议 IP。

网络接口层：网络接口层与 OSI/RM 模型中的数据链路层和物理层相对应。网络接口层并不是 TCP/IP 协议的一部分，但它是 TCP/IP 与各种 LAN 或 WAN 的接口。如当使用串行线路连接主机与网络，或连接网络与网络时，则需要在网络接口层运行串行线路网际协议(serial line internet protocol，SLIP)或点到点协议(point-to-point protocol，PPP)协议。

#### 4.2.7.2 IP 地址

IP 地址是为标识 Internet 上各类设备的位置而设置的。Internet 上的每一台计算机都被赋予一个世界上唯一的 32 位 IP 地址。为了方便起见，在应用上通常将 32 bit 的 IP 地址平均分为 4 组 8 bit 二进制数(4 个字节)，然后将其换算成十进制数，用点分十进制表示成 a.b.c.d 的形式，其中，a，b，c，d 都是 0～255 之间的十进制整数。每一个 IP 地址由网络号和主机号两部分构成，网络号用于确定计算机从属哪一个物理网络，主机号用于确定某个网络中的计算机。

IP 地址可分为 A、B、C、D、E 5 类。

1. A 类地址

A 类地址用于拥有大量主机(主机台数≤16 777 214)的大型网络，只有少数几个网络可获得 A 类地址。A 类地址的网络号由第 1 字节即 8 位二进制数表示，主机号由后面连续的 3 字节即 24 位二进制数表示。A 类地址的网络号的最高位第 1 字节的第一位为 0，如图 4-5 所示。

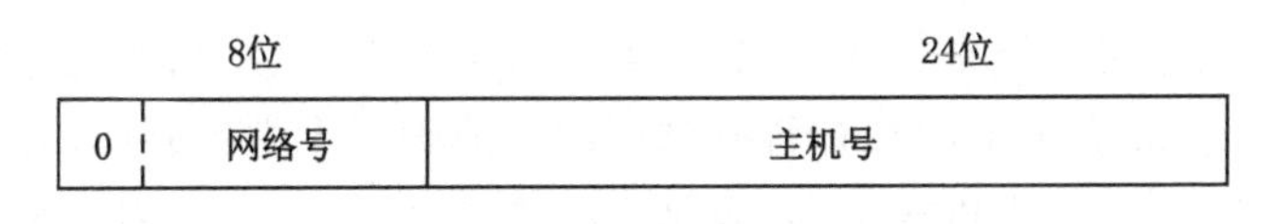


图 4-5　A 类地址

2. B 类地址

B 类地址用于规模适中的网络(主机台数≤65 534)。B 类地址的网络号由第 1 字节和第 2 字节的 16 位二进制数表示，主机号由剩余 2 字节的 16 位二进制数表示，其第 1 字节的前两位为 10，如图 4-6 所示。

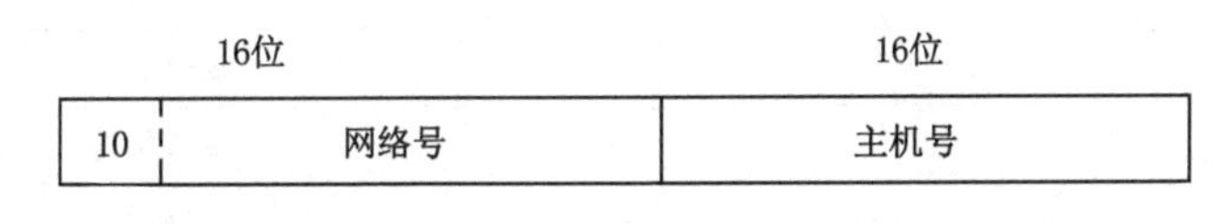


图 4-6　B 类地址

3. C 类地址

C 类地址用于主机数量不超过 254 台的小网络。C 类地址的网络号由前 3 字节的 24 位二进制数表示，主机号由第 4 字节的 8 位二进制数表示，其第 1 字节的前三位为 110，如图 4-7 所示。

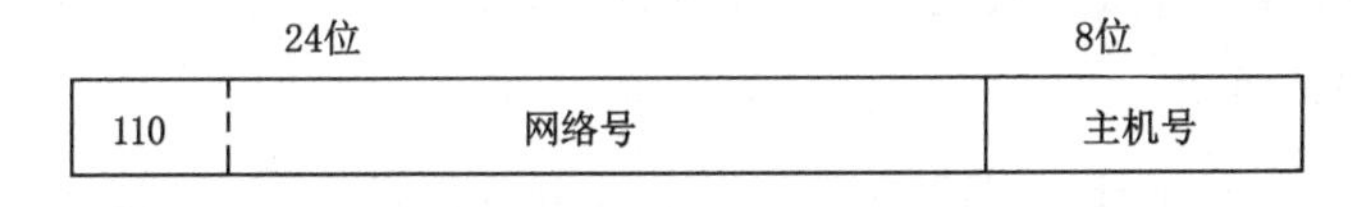


图 4-7　C 类地址

4. D 类地址

D 类地址也叫组播地址，不分网络号和主机号，其第 1 字节的前四位为 1110，如图 4-8 所示。

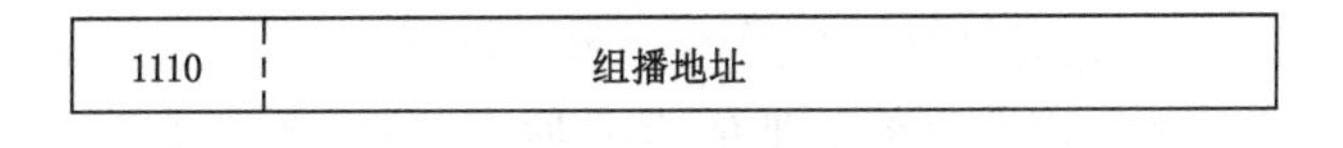


图 4-8　D 类地址

5. E 类地址

E 类地址保留地址，用于将来和实验使用。其第 1 字节的前四位为 1111，如图 4-9 所示。

图 4-9　E 类地址

#### 4.2.7.3 域名的组成

为了避免主机名字的重复，Internet 将整个网络的名字空间划分为许多不同的域，每个域又划分为若干子域，子域又分成许多子域，所有入网主机的名字即由一系列的“域”及其“子域”组成。域名从左到右级别逐级升高，一般为计算机名、网络名、机构名、最高域名。例如，* * *. usst. edu. cn 表示中国教育科研网中的上海理工大学校园网内的一台计算机，其中，cn 表示中国，edu 表示教育机构，usst 表示上海理工大学，* * * 表示某台主机。常见通用最高域名如表 4-1 所示。

**表 4-1 常见通用最高域名**

| 域名 | 含义 |
|---|---|
| com | 商业机构 |
| edu | 教育机构 |
| gov | 政府部门 |
| mil | 军事机构 |
| net | 网络供应商 |
| int | 国际机构（主要指北约） |
| org | 非营利组织 |

1998 年以前，美国负责域名的发放。互联网名称与数字地址分配机构（Internet Corporation for Assigned Names and Numbers，ICANN）成立后接替美国，成为互联网域名的管理机构，其成员来自全球。ICANN 一直致力于域名改革，但进程缓慢。

#### 4.2.7.4 WWW 服务

万维网（world wide web，WWW）是 Internet 中使用最广泛，可以为用户提供包括文本、图像、动画、声音和视频等多媒体信息的信息服务系统。在这个系统中，每个有用的事物，称为一个“资源”，并且由一个全局“统一资源标识符”（uniform resource identifier，URI）标识。

URL（uniform resource locator）是统一资源定位器，是用于完整地描述 Internet 上网页和其他资源的地址的一种标识方法。Internet 上的每一个网页都具有一个唯一的名称标识，通常称之为 URL 地址，这种地址可以是本地磁盘，也可以是局域网上的某一台计算机，还可以是网页程序或者应用软件内部地址的指向标识，但更多的是指 Internet 上的站点。简单地说，URL 就是 Web 地址，俗称“网址”。

URL 由两部分组成，一部分指出客户端希望得到主机提供的哪一种服务。另一部分是主机名和网页在主机上的位置。URL 的表示形式为：

http://主机域名[:端口号]/文件路径/文件名

其中，http 表示客户端和服务器执行超文本传输协议，将远程 Web 服务器上的文件（网页）传输给用户的浏览器。“主机域名”是提供此服务的计算机域名。“端口号”通常是默认的，如 Web 服务器使用的是 80，一般不需要给出。“/文件路径/文件名”是网页在 Web 服务器中的位置和文件名（URL 中如果没有明确给出文件名，则以 index. html 或者 default. html

为默认的文件名)。

#### 4.2.7.5 IPv6

IPv6是internet protocol version 6(互联网协议第6版)的缩写,是互联网工程任务组(Internet Engineering Task Force,IETF)设计的用于替代IPv4的下一代IP协议。与IPv4相比,IPv6具有以下优势。

(1) IPv6具有更大的地址空间。IPv4中规定IP地址长度为32位,即有$2^{32}-1$个地址;而IPv6中IP地址的长度为128位,即有$2^{128}-1$个地址。

(2) IPv6使用更小的路由表。IPv6的地址分配一开始就遵循聚类(aggregation)的原则,这使得路由器能在路由表中用一条记录(entry)表示一片子网,大大缩短了路由器中路由表的长度,提高了路由器转发数据包的速率。

(3) IPv6增强了对组播(multicast)的支持以及对流的支持(flow control),这使得网络上的多媒体应用有了长足发展的机会,为服务质量控制提供了良好的网络平台。

(4) IPv6加入了对自动配置(Auto Configuration)的支持。这是对动态主机配置协议(dynamic host configuration protocol,DHCP)的改进和扩展,使得网络(尤其是局域网)的管理更加方便和快捷。

(5) IPv6具有更高的安全性。使用IPv6网络的用户可以对网络层的数据进行加密并对IP报文进行校验,极大地增强了网络的安全性。

当然,IPv6并非十全十美、一劳永逸,也不可能解决所有问题。IPv6只能在发展中不断完善,从长远看,IPv6有利于互联网的持续和长久发展。

#### 4.2.7.6 网络连接方式

1. 普通拨号方式

以普通拨号方式上网需要一个设备:调制解调器(modem),它分为内置式与外置式两种。内置modem是插在电脑主板上的一个卡,很多品牌电脑都预装了内置modem,如果是后来添加,很多人会选择外置式modem。预装的内置modem通常已经安装好了驱动程序,只需将电话线接头(俗称水晶头)接入主机箱后面的modem提供的接口即可。外置modem是将电话线接头插入modem,随设备自带了一条modem与电脑的连接线,该连接线一端接modem,一端接电脑主机上的串行接口,可以参阅随设备的说明书。至于驱动程序的安装,modem都是所谓的即插即用(plug and play,PnP)设备,Windows会自动探测与安装。

2. 一线通(N-ISDN)

一线通,专业名称是窄带综合业务数字网(narrowband integrated service digital network,N-ISDN),它是20世纪80年代末以电话线为基础发展起来的新型通信方式。普通电话线原来只能接一部电话机,拨号上网的时候就不能打电话。而申请了N-ISDN后,用户可以通过网络终端(NT)转换盒同时使用数个终端,可一面网上冲浪,一面打电话或进行其他数据通信。虽然仍是普通电话线,NT转换盒提供给用户的却是两个标准的64 Kb/s数字信道,即所谓的2B+D接口。一个终端适配器(TA)口接电话机,一个NT口接电脑。它允许的最大传输速率是128 Kb/s,是普通modem的3～4倍,所以它的普及从某种意义上讲是对传统通信观念的重大革新。

3. DSL

DSL(digital subscriber line),即数字用户线路,是以电话线为传输介质的传输技术组合,它在同一铜线上分别传送数据信号和语音信号,数据信号并不通过电话交换机设备,减轻了电话交换机的负载;并且不需要拨号,一直在线,属于专线上网方式。DSL包括非对称数字用户线(asymmetric digital subscriber line, ADSL)和甚高比特率数字用户线(very high-bit-rate digital subscriber line ,VDSL)等。

ADSL技术是运行在原有普通电话线上的一种新的高速宽带技术,它利用现有的一对电话铜线,为用户提供上、下行非对称的传输速率(带宽)。非对称主要体现在上行速率(64 Kb/s~1.54 Mb/s)和下行速率(256 Kb/s~9 Mb/s)的非对称性上。它最初主要是针对视频点播业务开发的,随着技术的发展,逐步成为一种较方便的宽带接入技术,为电信部门所重视。通过网络电视的机顶盒,可以实现许多以前在低速率下无法实现的网络应用。

VDSL是一种用于双绞铜线的用户环路,上行和下行信道的传输速率可以对称,也可以非对称。使用VDSL短距离内的最大下传速率可达55 Mb/s,上传速率可达19.2 Mb/s,甚至更高。

4. FTTx+LAN接入方式

FTTx(fiber to the x,光纤接入)是新一代的光纤用户接入网,FTTx+LAN是一种利用光纤加五类网络线方式的宽带接入方案,可以实现千兆光纤到小区(大楼)中心交换机,中心交换机和楼道交换机以百兆光纤或五类网络线相连,楼道内采用综合布线,用户上网速率可达10 Mb/s,网络可扩展性强,投资规模小。另有光纤到办公室、光纤到户、光纤到桌面等多种接入方式满足不同用户的需求。FTTx+LAN方式采用星型网络拓扑,用户共享带宽。

5. 无线通信技术

无线通信是利用电磁波信号可以在自由空间中传播的特性进行信息交换的一种通信方式。在移动中实现的无线通信又通称为移动通信,人们把二者合称为无线移动通信。基站是移动通信系统中,连接固定部分与无线部分,并通过空中的无线通道与移动终端相连的设备。如一个基站可以覆盖直径20 km的区域,每个基站负载2.4万用户,每个终端用户的带宽可达到25 Mb/s。但是,它的带宽总容量为600 Mb/s,每个基站下的用户共享带宽,因此一个基站如果负载用户较多,那么每个用户所分到带宽就很小了。

6. 蓝牙(bluetooth)接入技术

"蓝牙",简单来说就是"短距离无线通信技术",是一种低成本、低功率、无线"线缆替代"技术,它可以取代数据电缆,使电话、笔记本电脑、PDA(personal digital assistant,掌上电脑)和外设等设备能够通过短程(10 m)无线信号进行互连。典型蓝牙产品的通信速率为1 Mb/s(最大为12 Mb/s)。蓝牙很容易穿透障碍物,实现全方位的语音与数据传输。蓝牙技术最初是由瑞典爱立信公司开发的,目前由蓝牙技术联盟(Bluetooth Special Interest Group,SIG)管理,该组织成员包括爱立信、诺基亚、微软、联想、东芝、Intel、IBM、苹果等国际知名的通信及IT行业生产商。

# 4.3　网络信息安全基础

计算机网络的飞速发展和迅速普及,使人们进入了信息网络时代。网络的开放性、互联性、多样性和终端分布的不均匀性,导致网络容易受到黑客、病毒、非法数据和其他非法行为的攻击。网络安全成了与人类生活密切相关的重要问题和前沿课题。

## 4.3.1　网络信息安全的定义

在网络出现以前,信息安全是指对信息的机密性、完整性和可获取性的保护,即面向数据的安全。互联网出现以后,信息安全除了上述概念以外,其内涵又扩展到了面向用户的安全。网络安全从本质上讲就是网络上信息的安全,指网络系统的硬件、软件及系统中数据的安全。网络信息的传输、存储、处理和使用过程中都要求处于安全的状态。

## 4.3.2　保护网络信息安全的目的

保护网络信息安全的目的是保护信息在传输、存储、处理过程中的完整性、保密性和可用性。

## 4.3.3　网络信息安全威胁类型

信息安全的威胁来自很多方面,概括起来可以分为以下几大类。

(1) 操作系统的脆弱性

操作系统不安全是计算机网络不安全的根本原因,目前流行的许多操作系统均存在网络安全漏洞。操作系统不安全主要表现为以下 6 个方面:① 操作系统结构体制本身的缺陷;② 创建进程存在不安全因素;③ 操作系统提供的一些功能带来的不安全因素;④ 操作系统自身提供的网络服务不安全;⑤ 操作系统为系统开发人员提供的无口令入口可能会被黑客利用;⑥ 操作系统隐蔽的信道,存在潜在的危险。

(2) 协议安全的脆弱性

随着 Internet 和 Intranet(内联网)的发展,TCP/IP 协议被广泛地应用到各种网络中,但采用的 TCP/IP 协议族软件本身缺乏安全性,如 FTP、E-mail、RPC(remote procedure call,远程过程调用)和 NFS(network file system,网络文件系统)都包含许多不安全因素,存在许多漏洞。网络的普及使信息共享达到一个新的层次,信息被暴露的机会大大增多。互联网是一个开放的系统,未经安全验证的外部环境和线路可能访问系统内部,容易发生搭线窃听、远程监控和攻击破坏等事件。

(3) 数据库管理系统安全的脆弱性

大量的信息存储在各种各样的数据库中,然而,有些数据库系统也存在安全隐患。数据库管理系统的安全必须与操作系统的安全相配套。例如,数据库管理系统的安全级别是 B2 级,那么操作系统的安全级别也应该是 B2 级,但实践中二者往往并不匹配。

(4) 防火墙的局限性

防火墙可以保护计算机网络免受外部黑客的攻击,提高网络的安全性,但它不可能保证网络绝对安全。事实上,网络上仍然存在一些防火墙不能防范的安全威胁,甚至防火墙产品自身是否安全、设置是否正确，都需要经过检验。

(5) 其他方面的原因

计算机领域中一些重大的技术进步会对网络信息安全构成新的威胁。这些新的威胁需要新的技术来消除，而克服威胁的技术发展往往有迟滞性。环境和灾害的影响，如温度、湿度、供电、火灾、水灾、静电、灰尘、雷电、强电磁场以及电磁脉冲等均会破坏数据和影响系统的正常工作。计算机及网络系统的访问控制配置复杂且难于验证，偶然的配置错误会使闯入者获取访问权，给信息安全性造成威胁。

总之，计算机网络系统自身的脆弱和不足，是造成计算机网络安全问题的内部根源。但计算机网络系统本身的脆弱性和社会对计算机网络系统应用的依赖性这一矛盾又将促使计算机网络安全技术的不断发展和进步。

# 4.4 计算机病毒简介

计算机病毒与医学上的病毒不同，它不是天然存在的，而是某些人利用计算机软件、硬件所固有的脆弱性，编制的具有特殊功能的程序。

从广义上讲，凡是能够引起计算机故障、破坏计算机数据的程序统称为计算机病毒。1994 年 2 月 18 日，我国正式颁布实施了《中华人民共和国计算机信息系统安全保护条例》(以下简称《条例》)，并于 2011 年 1 月 8 日修订。在《条例》第二十八条中明确指出："计算机病毒，是指编制或者在计算机程序中插入的破坏计算机功能或者毁坏数据，影响计算机使用，并能自我复制的一组计算机指令或者程序代码。"此定义具有法律性、权威性。

## 4.4.1 计算机病毒的特征

计算机病毒具有寄生性、传染性、潜伏性、隐蔽性、破坏性、可触发性等特征，具体内容如下。

1. 寄生性

计算机病毒寄生在其他可执行的程序之中，当执行这个程序时，病毒就起破坏作用，而在未启动这个程序之前，它是不易被人发觉的。

2. 传染性

计算机病毒不但具有破坏性，还具有传染性。计算机病毒会通过各种渠道从已被感染的计算机中集中到未被感染的计算机，在某些状况下造成被感染的计算机工作失常甚至瘫痪。

3. 潜伏性

一般情况下，计算机病毒感染系统后，并不会立即发作攻击计算机，而是具有一段时间的潜伏期。有些病毒像定时炸弹一样，发作时间是预先设计好的，比如"黑色星期五"病毒，不到预定时间无法觉察。

4. 隐蔽性

计算机病毒具有很强的隐蔽性，有的可以通过病毒软件检查出来，有的却很难被查出，有的时隐时现、变化无常，这类病毒处理起来通常很困难。

5. 破坏性

计算机感染了病毒程序后，可能会导致正常的程序无法运行，文件被删除或受到不同程度的损坏。

6. 可触发性

病毒因某个事件或数值的出现，实施感染或进行攻击的特性称为可触发性。病毒具有预定的触发条件，这些条件可能是时间、日期、文件类型或某些特定数据等。病毒运行时，触发机制检查预定条件是否满足，如果满足，启动感染或破坏动作，病毒进行感染或攻击；如果不满足，病毒则继续潜伏。

## 4.4.2 计算机病毒的分类

计算机病毒的分类方法有许多种，按照计算机病毒的特点及特性，主要有以下两种分类方式。

### 4.4.2.1 按照计算机病毒攻击的系统分类

1. 攻击DOS系统的病毒

这类病毒出现最早、最多，变种也最多。

2. 攻击Windows系统的病毒

由于Windows的图形用户界面(graphical user interface，GUI)和多任务操作系统深受用户的欢迎，Windows从而成为病毒攻击的主要对象。首例破坏计算机硬件的CIH病毒就是一个Windows95/98病毒。

3. 攻击UNIX系统的病毒

UNIX系统应用非常广泛，并且许多大型操作系统均采用UNIX作为其主要的操作系统，所以UNIX病毒的出现，对人类的信息处理也是一个严重的威胁。

4. 攻击Linux系统的病毒

虽然在Linux系统传播的病毒不多，但如果用户毫无防范概念的话，一旦某个病毒爆发，就很可能造成严重的后果。

### 4.4.2.2 按照计算机病毒的链接方式分类

1. 源码型病毒

源码型病毒攻击高级语言编写的程序，其在高级语言所编写的程序编译前插入到源程序中，经编译成为合法程序的一部分。

2. 嵌入型病毒

嵌入型病毒是将自身嵌入到现有程序中，把计算机病毒的主体程序与其攻击的对象以插入方式链接的病毒。这种计算机病毒是难以编写的，一旦侵入程序后也较难消除。如果同时采用多态性病毒技术、超级病毒技术和隐蔽性病毒技术，将给当前的反病毒技术带来严峻的挑战。

3. 外壳型病毒

外壳型病毒将其自身包围在主程序的四周，对原来的程序不作修改。这种病毒最为常见，易于编写，也易于发现，一般通过测试文件的大小即可知晓。

4. 操作系统型病毒

这种病毒用它自己的程序意图加入或取代部分操作系统进行工作，具有很强的破坏力，可以导致整个系统的瘫痪。圆点病毒和大麻病毒就是典型的操作系统型病毒。这种病毒在运行时，用自己的逻辑部分取代操作系统的合法程序模块，根据病毒自身的特点和被替代的操作系统中合法程序模块在操作系统中运行的地位与作用、病毒取代操作系统的取代方式等，对操作系统进行破坏。

### 4.4.3 计算机病毒的生命周期

计算机病毒的产生过程可分为：程序设计、传播、潜伏、触发、运行、实行攻击。计算机病毒的生命周期从生成到完全根除有以下几个阶段。

(1) 开发期：指计算机病毒的编写阶段。

(2) 传染期：指病毒写好后的传播阶段。

(3) 潜伏期：指病毒被复制传播后至发作前的一段时间。

(4) 发作期：指条件成熟，病毒被激活的时间。

(5) 发现期：指病毒发作后被发现的阶段，在该阶段反病毒研究者根据病毒特征研究相应对策。

(6) 消化期：在这一阶段，反病毒开发人员更新软件以使其可以检测到新发现的病毒。

(7) 消亡期：若是用户安装了最新版的杀毒软件，那么病毒将被检测到并杀除，从而有效阻止病毒的广泛传播，但有一些病毒在消失之前有一个很长的消亡期。至今，还没有哪种病毒已经完全消失，有些甚至会卷土重来，但还有些病毒已经在很长时间里不再是一个重要的威胁了。

### 4.4.4 计算机病毒的传播途径

计算机病毒随计算机技术的发展而变化，其传播途径大概可以分为以下几种。

通过不可移动的计算机设备进行传播。这些设备通常有计算机的专用集成电路(application specific integrated circuit，ASIC)芯片和硬盘等。这种病毒虽然极少，但破坏力极强，目前尚没有较好的检测手段。

通过移动存储设备传播。这些设备包括软盘、磁带、U 盘等。在存储设备中，U 盘是使用最广泛、移动最频繁的存储介质，因此也成了计算机病毒寄生的“温床”。目前，大多数计算机都是从这类途径感染病毒的。

通过计算机网络进行传播。现代信息技术的巨大进步已使人与人的距离不再遥远，但是也为计算机病毒的传播提供了“高速公路”。计算机病毒可以附着在正常的文件中通过网络进入一个又一个的系统。在信息国际化的同时，计算机病毒也在国际化。

通过点对点通信系统和无线通道传播。目前，这种传播途径还不是十分广泛，但预计未来，这种传播途径很可能与网络传播途径成为计算机病毒扩散的两大渠道。

计算机工业的发展在为人类提供更多、更快捷的传输信息方式的同时，也为计算机病毒的传播提供了新的传播途径。

### 4.4.5 计算机感染病毒的症状

计算机感染病毒以后，会出现很多症状，这里列举了一些以方便大家判断及处理。

1. Windows 出现异常的错误提示信息

Windows 出现异常的错误提示信息是 Windows 系统提供的一项新功能，此功能向用户和 Microsoft 提供错误信息，方便用户使用。但是，操作系统本身除了用户关闭或者程序错误以外，是不会出现错误汇报的。因此，如果出现异常的错误提示信息，很可能是中了病毒。

2. 运行速度明显降低以及内存占有量减少，虚拟内存不足或者内存不足

正常情况下，计算机在运行的时候，软件的运行不占用太大的资源，是不会明显降低运行速度的。如果速度降低了，可首先查看 CPU 占用率和内存使用率，然后检查进程，看用户进程里是哪个程序占用资源的情况不正常。如果虚拟内存不足，可能是病毒占用，当然也可能是设置不当。

3. 运行程序突然异常死机

计算机程序如果不是设计错误的话，完全可以正常打开和关闭。但是，如果被病毒破坏的话，很多程序需要使用的文件都会无法使用，所以可能会出现死机的情况。另外，病毒也可能会感染运行的软件或者文件，使用户无法正常使用。例如，计算机突然死机，又在无任何外界介入下，自行启动。

4. 文件大小发生改变

有些病毒是利用计算机的可执行文件，与可执行文件进行捆绑，然后在运行的时候两个程序一起运行。这类可执行文件的缺点是文件大小会改变，因此在平时使用的时候要特别注意。

5. 系统无法正常启动以及系统启动缓慢

系统启动的时候，需要加载和启动一些软件以及打开一些文件，而病毒正是利用了这一点，进入系统的启动项，或者是系统配置文件的启动项，导致系统启动缓慢或者无法正常启动。

6. 注册表无法使用，某些键被屏蔽、目录被自动共享等

注册表相当于操作系统的核心数据库，正常情况下可以进行更改，如果发现热键和注册表都被屏蔽，某些目录被共享等，则有可能是病毒造成的。

7. 系统时间被修改

一些杀毒软件在系统时间的处理上存在瑕疵，当系统时间异常时会失效，无法正常运行。很多病毒利用了这一点，把系统时间修改之后使其关闭或无法运行，然后再侵入用户系统进行破坏。例如"磁碟机""AV 终结者""机器狗"等病毒。

8. 调制解调器和硬盘工作指示灯狂闪

工作指示灯是用来显示调制解调器或者硬盘工作状态的，正常使用的情况下，指示灯只是频繁闪动而已。如果出现指示灯狂闪的情况，就要检查所运行的程序是否占用系统资源太多或者是否感染了病毒。

9. 网络自动掉线

网络自动掉线是指在访问网络的时候，突然出现自动掉线情况。有的病毒专门占用系统或者网络资源，关闭连接，给用户使用造成不便。

10. 自动连接网络

计算机的网络连接一般是被动连接的，都是由用户来触发的，而病毒为了访问网络，必须主动连接，所以有的病毒包含了自动连接网络的功能。

11. 浏览器自行访问网站

计算机在访问网络的时候，打开浏览器常会发现主页被修改了。而且，主页自行访问的网页大部分都是靠点击来赚钱的个人网站或者是不健康的网站。

12. 鼠标无故移动

鼠标的定位也是靠程序来完成的，而病毒可以定义鼠标的位置，可以使鼠标满屏幕乱动，或者无法准确定位。

13. 打印出现问题

打印机速度变慢、打印异常字符或不能正常打印等也有可能感染了病毒。

# 第 5 章　物联网基础

通俗来讲，物联网就是万物相连的互联网。物联网把人或各种物品通过信息传感设备与互联网连接起来，进行信息交换和通信，实现智能化识别、定位、跟踪、监控和管理，或者提供相应服务。本章主要讲述什么是物联网、物联网的关键技术以及物联网的应用。

本章学习目标与要求：

(1) 了解物联网的基本定义。

(2) 了解物联网的特点和架构。

(3) 了解传感器技术。

(4) 掌握无线射频识别技术。

(5) 了解无线通信技术。

(6) 熟悉物联网应用。

## 5.1　物联网概述

### 5.1.1　物联网的定义

物联网这种具有明显集成特征的产物，涉及行业较多，其定义自然仁者见仁、智者见智。

我国对物联网的定义较为具体化：物联网是一种通过各种信息传感设备，按约定的协议，利用互联网把各种物品连接起来，进行信息自动交换和通信，以实现对物品的智能化识别、定位、跟踪、监控和管理的一种网络。该定义关注的是各种传感器与互联网的相互衔接。信息传感设备主要包括射频识别(radio frequency identification，RFID)装置、红外感应器、激光扫描器、全球定位系统和摄像机等。

国际电信联盟(International Telecommunication Union，ITU)电信分部对物联网的定义较为抽象：物联网是一种信息社会的全球网络基础设施，它利用信息通信技术(information and communications technology，ICT)把物理对象和虚拟对象连接起来，提供更为先进的服务。该定义关注的是数据捕获、事件传递、网络连通性和互操作性的自动化程度，强调任意时间、任意地点和任意事物之间的通信。

总之，物联网是一种广泛存在于人们生活中的通信网络，这种网络利用互联网将世界上的物体都连接在一起，使世界万物都可以上网，这些物体能够被识别，能够被集成到通信网络中。

物联网的定义和范围已经从技术层面上升到战略性产业，不再仅指基于传感网(sensor networks)或射频识别技术的物-物通信网络，每个行业都会从自己的角度去诠释物联网的概念，如图 5-1 所示。

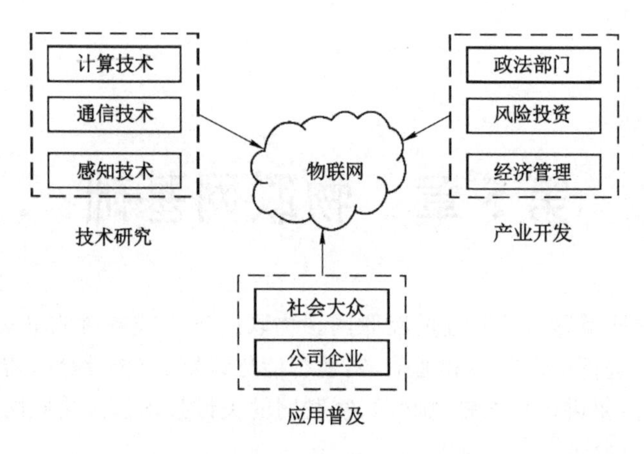


图 5-1 各领域对物联网的诠释

政法部门认为物联网是一种新兴的战略性信息技术产业,关注的是物联网的发展规划和安全管理,制定物联网产业的政策和法规。中国政府在 2011 年国家"十二五"规划中就明确提出,物联网将会在智能电网、智能交通、智能物流、金融与服务业、国防军事等十大领域重点部署。国外各政府也推出了自己的基于物联网的国家信息化战略,如美国的"智慧地球"、日本的 U-Japan、韩国的 U-Korea 和欧盟的"欧盟物联网行动计划"等。

风险投资关注的是企业资质的获取、制造能力及物联网的运营能力。

经济管理关注的是物联网的成本和经济效益,认为物联网是一种概念经济,将会成为推进经济发展的又一个驱动器,为产业开拓又一个潜力无穷的发展机会。据有关机构预测,物-物互联的业务量是人-人通信业务的 30 倍。物联网普及后,用于动物、植物、机器、物品上的传感器、电子标签及配套的接口装置的数量将大大超过手机的数量。2014 年,我国物联网产业规模超过 6 000 亿元,其中机-机通信的终端数量超过 6 000 万个,RFID 产业规模超过 300 亿元,传感器市场规模接近 1 000 亿元。

社会大众关注的是物联网对生活舒适度的提高,认为物联网意味着自互联网普及以来的又一次生活方式的改变。物联网可以让人们自觉或不自觉地从网络中获取物品或环境信息,直接与真实世界进行互动。

公司企业关注的是物联网的建设和实施,认为物联网是人类社会与物理系统的整合。智能电网、智能交通、智慧物流、精细农业、智能环保和智能家居等都是物联网的具体应用。

计算技术关注的是物联网的数据智能处理和服务交付模式,认为物联网是下一代互联网,是语义万维网(WWW)的一种应用形式,是互联网从面向人到面向物的延伸。

通信技术关注的是无线信号的传输和通信网络的建设,认为物联网是一个具有自组织能力的、动态的全球网络基础设施,物品可通过标准协议和智能接口无缝连接到信息网络上。

感知技术关注的是物品信息的获取和识别,认为物联网是基于感知技术建立起来的传感网,由包含传感器、RFID 等在内的一些嵌入式系统互连而成。

综上所述,物联网就是现代信息技术发展到一定阶段后出现的一种应用与技术的聚合性提升,它将各种感知技术、现代网络技术、人工智能和自动化技术集成起来,使人与物进行智慧对话,创造一个智慧的世界。

### 5.1.2　物联网的特点

物联网广泛用于交通控制、取暖控制、食品管理、生产进程管理等各个方面。在物联网中，物体信息通过智能感知装置，经过传输网络，到达指定数据处理中心，实现人与人、物与物、人与物之间的信息交互。具体地说，就是把感应器嵌入电网、铁路、桥梁、隧道、公路、建筑、供水系统、大坝、油气管道等各种物体中，然后将物联网与现有的 Internet 整合起来通过传感器侦测周边环境，如温度、湿度、光照、气体浓度、振动幅度等，并通过无线网络将收集到的信息传送给监控系统。监控者解读信息后，便可掌握现场状况，进而对现场物体进行维护和调整，实现人类社会与物理系统的整合，以更加精细和动态的方式管理生产和生活，提高资源利用率和生产力水平，改善人与自然间的关系。这里包括三个层次：首先是传感网络，也就是包括 RFID、条码、传感器等设备在内的传感网；其次是信息传输网络，主要用于远距离传输传感网所采集的海量数据信息；最后则是信息应用网络，也就是智能化数据处理和信息服务。

物联网的核心是物与物以及人与物之间的信息交互，其基本特征可简要概括为三个方面：全面感知、可靠传输和智能处理。

1. 全面感知

物联网要将大量物体接入网络并进行通信活动，对各物体的全面感知是十分重要的。全面感知是指物联网随时随地获取物体的信息，如物体所处环境的温度、湿度、位置、运动速度等信息。全面感知就像人体系统中的感觉器官，眼睛收集各种图像信息，耳朵收集各种音频信息，皮肤感觉外界温度等。所有器官协同工作，才能够对人所处的环境进行准确地感知。物联网中各种不同的传感器如同人体的各种感觉器官，通过不同方式对外界环境进行感知。物联网通过 RFID、传感器等感知设备获取物体的各种信息。

2. 可靠传输

可靠传输对整个网络的高效、正确运行具有重要作用，是物联网的一项重要特征。可靠传输是指物联网通过对无线网络与 Internet 的融合，将物体的信息实时准确地传递给用户。用户对接收到的信息进行分析处理再做出相应的操作控制指令，并将指令通过可靠传输传回给现场物体。可靠传输在人体系统中相当于神经系统，负责把各器官收集到的各种不同信息传输到大脑中，方便人脑做出正确的指示。同样也将大脑做出的指示传递给各个部位进行相应的改变和动作。

3. 智能处理

在物联网系统中，智能处理部分将收集来的数据进行处理运算，然后做出相应的决策，来指导系统进行相应的改变，它是物联网应用实施的核心。智能处理指利用各种人工智能、云计算等技术对海量的数据和信息进行分析和处理，对物体实施智能化监测与控制。智能处理相当于人的大脑，根据神经系统传递来的各种信号做出决策，指导相应器官进行活动。

总而言之，物联网的特点是对物体的全面感知，对信息的可靠传递和智能控制。

### 5.1.3　物联网的架构

物联网的架构既要支持不同系统的互操作性，也要适应不同类型的物理网络，同时要适应物联网的业务特性，因此，统一的架构、清晰的分层对物联网是十分必要的。物联网作为新兴的信息产业，其体系架构还在不断发展中，目前针对物联网体系架构，IEEE（电气电子工程师学会）、ISO/IEC JTC1（国际标准化组织/国际电工委员会的第一联合技术委员会）、ITU-T（国际电信联盟电信标准分局）、ETSI（欧洲电信标准化协会）、GS1（国际物品编码组织）等组织均在进行研究。

物联网打破了地域限制，实现了物与物之间按需进行信息获取、传递、存储、融合、使用等服务。一个完整的物联网系统由前端信息生成、中间传输网络及后端应用平台构成。物联网系统大致有 3 个层次，分为感知控制层、网络传输层、应用服务层，如图 5-2 所示。

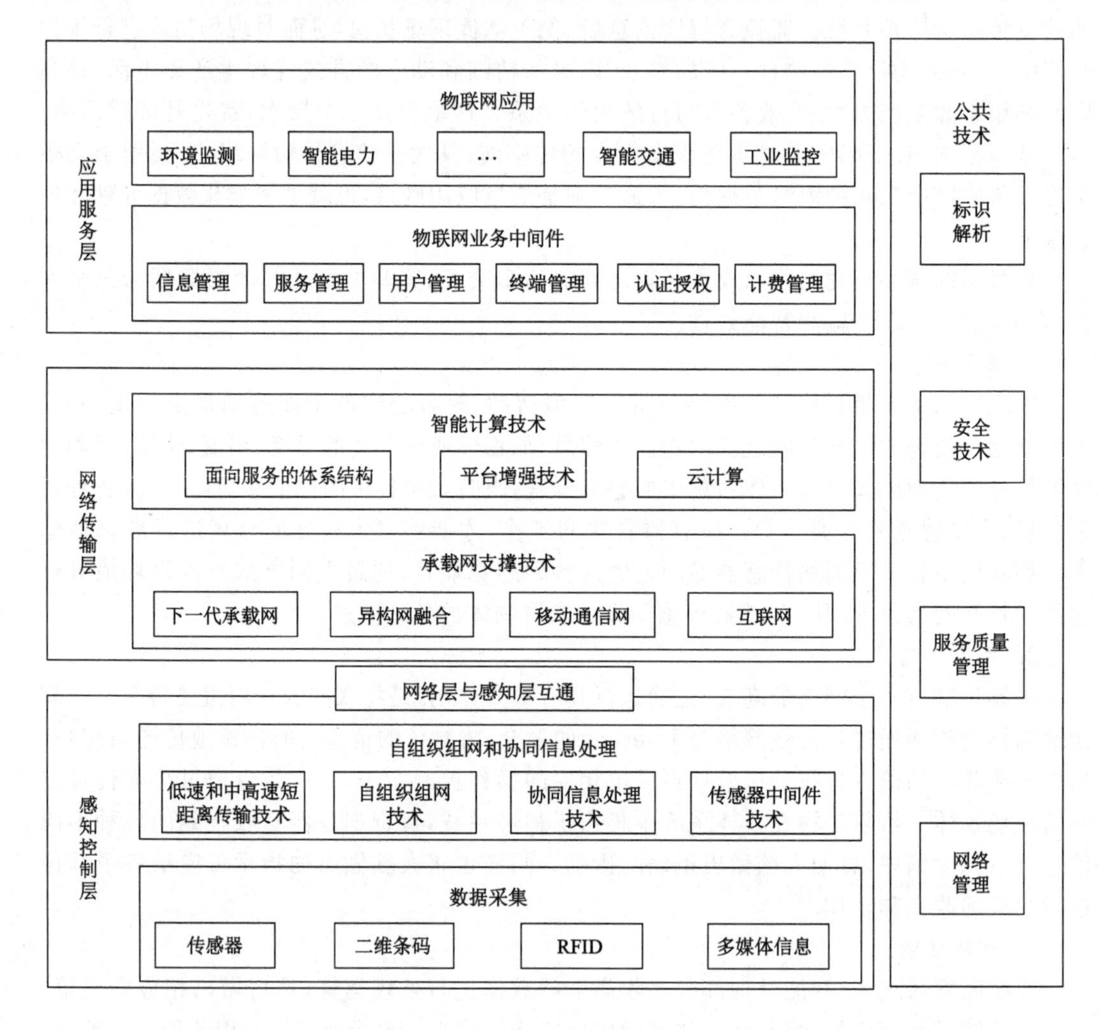


图 5-2　物联网技术体系架构

感知控制层是物联网发展和应用的基础，在物联网中如同人的感觉器官，用来感知外界环境的温度、湿度、压强、光照、气压、受力情况等信息，通过采集这些信息来识别物体。

网络传输层将来自感知控制层的各类信息通过基础承载网络传输到应用服务层，相当于人的神经系统。网络传输层将感知控制层获取的各种不同信息传递到处理中心进行处理，使得物联网能从容应对各种复杂的环境条件，即各种不同的应用。

应用服务层主要将物联网技术与行业专业系统相结合，实现广泛的物-物互联的应用，通过人工智能、中间件、云计算等技术，为不同行业提供应用方案。物联网把周围世界中的人和物都联系在网络中，应用广泛，涉及家居、医疗、环保、交通、农业、物流等方面。

## 5.2　物联网关键技术

### 5.2.1　传感器技术

物联网与传统网络的主要区别在于，物联网扩大了传统网络的通信范围，即物联网不局限于人与人之间的通信，还扩展到人与物、物与物之间的通信。针对物联网具体实现过程，对物的信息感知是关键环节技术。

传感技术是关于从自然信源获取信息，并对之进行处理（变换）和识别的一门多学科交叉的现代科学与工程技术，它涉及传感器、信息识别和处理的规划设计开发、制造或建造、测试、应用及评价改进等活动。传感技术同计算机技术与通信技术一起被称为信息技术的三大支柱。从仿生学的观点看，如果把计算机看作识别和处理信息的“大脑”，把通信系统看作传递信息的“神经系统”，那么传感器就是“感觉器官”。

传感器是能感受规定的被测量信息，并能按照一定规律将测量信息转换成可用输出信号的器件或装置，传感器通常由敏感元件和转换元件组成。但是由于传感器输出的信号一般都很微弱，因此需要有信号调节与转换电路，来将其放大或变换为容易传输、处理、记录和显示的形式。

按照信息论的凸性定理，传感器的功能与品质决定了传感系统获取自然信息的信息量和信息质量。信息处理包括信号的预处理、后置处理和特征提取与选择等。信息识别利用被识别（或诊断）对象与特征信息间的关联关系模型对输入的特征信息集进行辨识、比较、分类和判断。因此，传感技术是遵循信息论和系统论原理的。它包含了众多的高新技术，被众多的产业广泛采用。同时，它也是现代科学技术发展的基础条件，得到了高度重视。

在整个物联网中，传感器是需求量最大和最为基础的环节之一。传感器是物联网的基础，物联网通过运用各类传感器，可以获取不同地区、不同行业的各种信息，帮助人们应对日益严重的气候变化，提供领先的低碳解决方案，用绿色环保的方式创造最佳的社会效益、经济效益，维护人类的生存环境和发展。

### 5.2.2　RFID 技术

RFID，即无线射频识别，是一种非接触式的自动识别技术。RFID 技术通过射频信号可自动识别目标对象并获取相关数据，并对其进行标志、登记、存储和管理。RFID 的识别工作无须人工干预，因此可用于各种恶劣环境。RFID 技术与互联网、移动通信等技术相结合，可以实现全球范围内物品的跟踪与信息的共享，从而赋予物体智能，最终构成连通万事万物的物联网。RFID 技术将物联网的触角延伸到了物体之上，同时也将人与物、物与物之间的距离变小了，因此，RFID 技术是实现物联网的关键技术。

一般来说，射频识别系统主要由电子标签、读写器以及天线三部分组成，如图 5-3 所示。其中，电子标签是 RFID 系统真正的数据载体；读写器是读取或者写入标签信息的设备；天线在电子标签和读写器间传递射频信号。

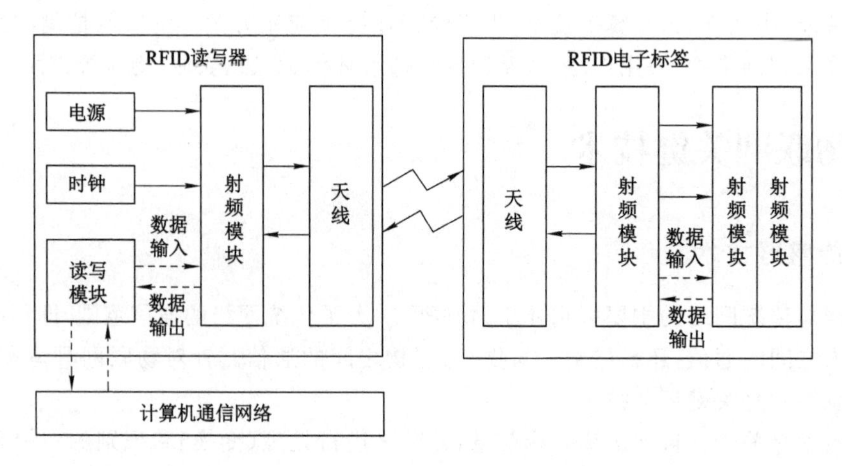


图 5-3　RFID 基本系统结构框图

RFID 的主要核心部件是电子标签，每个标签具有唯一的电子编码，附着在物体上标识目标对象。在相距几厘米到几米的范围内，读写器通过发射无线电波，可以读取电子标签内储存的信息。由于 RFID 标签的存储容量可以达到 $2^{94}$ 以上(近万字)，彻底抛弃了条形码的种种限制，使世界上的每种商品都可以拥有独一无二的电子标签。并且，贴上这种电子标签之后的商品，从它在工厂的流水线上开始，到被摆上商场的货架，再到消费者购买后结账，甚至到标签最后被回收的整个过程都能够被追踪管理。

RFID 发展非常迅速，射频识别产品种类繁多，已经形成了从低频到高频，从低端到高端的产品系列和比较成熟的 RFID 产业链。在国内，低频 RFID 技术和应用方面比较成熟，高频 RFID 技术水平也在提高，应用也有相当大的规模。随着市场的不断拓展，RFID 标签向多元化、多功能、多样式、低成本、高内存、高安全性等方向发展，形成新的物联网应用。我国射频识别技术起步较晚，目前主要应用于公共交通、校园、社会保障等方面，其中，射频标签应用最大的项目是第二代居民身份证。

### 5.2.3　无线通信技术

通信是物联网的关键功能，物联网感知的大量信息只有通过通信技术才能进行有效的交换和共享，实现基于这些物理世界的数据产生丰富的多层次的物联网应用。物联网通信包含了几乎所有现代通信技术，包括无线和有线通信。以无线网络技术为核心，综合其他各种辅助技术构建的移动计算环境越来越受到人们的关注，而无线网络最大优点是可以让人们摆脱有线的束缚，更便捷、更自由地沟通。

无线网络是计算机网络技术与无线通信技术相结合的产物。与传统的有线网络不同，无线网络应用无线通信技术为各种移动设备提供必要的物理接口，实现物理层和数据链路层的功能。

无论有线网络还是无线网络，都和计算机系统的构成一样，是硬件系统和软件系统的统一体。计算机网络也是由这两部分构成的，网络软件支持着网络硬件，最终形成真正能够向人们提供服务的计算机网络系统。

为了降低网络设计的复杂性，绝大多数网络采用了分层的思想，网络软件被组织成一堆相互叠加的层，每一层都建立在其下一层的基础之上。分层可以将庞大而复杂的问题转化为若干较小的局部问题，而这些较小的局部问题相对而言就比较易于研究和处理了。不同的网络，其层的数目，各层的名字、内容和功能也不尽相同。每一层的作用都是向上一层提供特定的服务，而把如何实现这些服务的细节对上一层加以屏蔽。从某种意义上讲，每一层都是一种虚拟机，它向上一层提供特定的服务。

随着信息技术和网络技术的快速发展，接入物联网的设备数量越来越多，导致传感器网络和接入通信网络的结构越来越多样化，引入的通信技术和协议越来越复杂，形成了不同的通信网络结构共存的局面，影响了物联网的互联互通和互操作性能。因此，需要将多种不同的无线通信网络融合在一起，形成一个异构无线通信网络，为各级用户提供无缝切换和优质的通信服务。

# 5.3 物联网应用

物联网将世界的三大系统互联成一个整体，在其间发挥着重要的智能作用，如图5-4所示。人是社会的单元与构成体，技术是人类社会发展的动力，环境是人与技术生存的空间。当然，物联网发展不仅需要技术，更需要应用，应用是物联网发展的强大推动力。

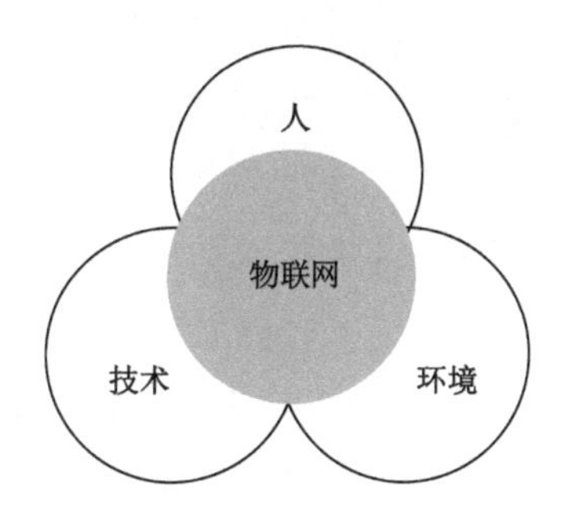


图5-4 物联网整合的世界

物联网的应用领域非常广阔，从日常的家庭个人应用，到工业自动化应用、军事反恐、城建交通。当物联网与互联网、移动通信网相连时，可随时随地全方位“感知”对方，人们的生活方式将从“感觉”跨入“感知”，从“感知”发展到“控制”。

2011年，工业和信息化部制定印发的《物联网“十二五”发展规划》，将以下九大重点领域作为应用示范工程，形成示范应用牵引产业发展的良好态势。

(1) 智能工业：生产过程控制、生产环境监测、制造供应链跟踪、产品全生命周期监测，促进安全生产和节能减排。

(2) 智能农业：农业资源利用、农业生产精细化管理、生产养殖环境监控、农产品质量安全管理与产品溯源。

(3) 智能物流：建设库存监控、配送管理、安全追溯等现代流通应用系统，建设跨区域、行业、部门的物流公共服务平台，实现电子商务与物流配送一体化管理。

(4) 智能交通：交通状态感知与交换、交通诱导与智能化管控、车辆定位与调度、车辆远程监测与服务、车路协同控制，建设开放的综合智能交通平台。

(5) 智能电网：电力设施监测、智能变电站、配网自动化、智能用电、智能调度、远程抄表，建设安全、稳定、可靠的智能电力网络。

(6) 智能环保：污染源监控、水质监测、空气监测、生态监测，建立智能环保信息采集网络和信息平台。

(7) 智能安防：社会治安监控、危险品运输监控、食品安全监控，重要桥梁、建筑、轨道交通、水利设施、市政管网等基础设施安全监测、预警和应急联动。

(8) 智能医疗：药品流通和医院管理，以人体生理和医学参数采集及分析为切入点面向家庭和社区开展远程医疗服务。

(9) 智能家居：家庭网络、家庭安防、家电智能控制、能源智能计量、节能低碳、远程教育等。

# 第 6 章　算法与数据结构

从广义上讲，数据结构是指一组数据的存储结构。算法就是操作数据的一组方法。从狭义上讲，也就是我们本章要讲的，是指某些著名的数据结构和算法，比如队列、栈、堆、二分查找等。

数据结构和算法是相辅相成的，数据结构是为算法服务的，算法要作用在特定的数据结构之上。因此，我们无法孤立数据结构来讲算法，也无法孤立算法来讲数据结构。

本章学习目标与要求：

(1) 掌握程序设计方法和风格。

(2) 了解结构化程序设计。

(3) 了解面向对象的程序设计。

(4) 掌握数据结构与算法。

(5) 掌握线性表和树形结构。

## 6.1　程序设计基础

### 6.1.1　程序设计方法和风格

#### 6.1.1.1　程序设计方法

程序设计是一门技术，需要相应的理论、技术、方法和工具来支持，程序设计经历了结构化设计和面向对象的程序设计阶段。

#### 6.1.1.2　良好的编程程序风格

程序设计的风格主要强调程序的简单、清晰和可理解性。“清晰第一，效率第二”已成为当今主导的程序设计风格。要形成良好的程序风格，需要注意以下几点：

1. 源程序的文档

(1) 符号名的命名：符号名的命名应具有一定的实际含义，以便理解程序功能。

(2) 正确的程序注释：注释一般分为序言性注释和功能性注释。序言性注释常位于程序开头部分，它包括程序标题、程序功能说明、主要算法、接口说明、程序位置、开发简历、程序设计者、复审者、复审日期及修改日期等。功能性注释一般嵌在源程序体中，用于描述其后的语句或程序的主要功能。

(3) 视觉组织：在程序中利用空格、空行、缩进等技巧使程序层次清晰。

2. 数据说明的方法

(1) 数据说明的次序规范化；

(2) 说明语句中变量安排有序化；

(3) 使用注释来说明负责数据的结构。

3. 语句的结构

程序应该简单易懂，语句构造应该简单直接，不应该为提高效率而把语句复杂化。一般应注意以下几点：

(1) 一行写一条语句；

(2) 在编写程序时首先考虑清晰性；

(3) 除非对效率有特殊要求，否则编写程序时，要做到清晰第一，效率第二；

(4) 首先保证程序正确，其次提高速度；

(5) 避免使用大量的临时变量而使程序的可读性下降；

(6) 避免使用无条件转移语句；

(7) 尽量使用库函数；

(8) 避免使用复杂的条件嵌套语句；

(9) 模块功能尽可能单一，即一个模块完成一个功能；

(10) 避免对不良的程序修修补补，而应该重新编写程序。

4. 输入/输出

输入/输出是用户最关心的问题，输入/输出的方式和格式应尽可能方便用户使用，因为系统能否被用户接受，往往取决于输入/输出的风格。无论是批处理的输入/输出方式，还是交互式的输入/输出方式，在设计和编程时都应考虑如下原则：

(1) 对所有的输入数据都要检查其合法性；

(2) 检查输入项之间的合理性；

(3) 输入数据尽可能少，操作尽可能简单；

(4) 在以交互输入/输出方式进行输入时，要采用人机会话的方式给出明确的提示信息和运行的状态信息；

(5) 设计输出报表格式。

### 6.1.2 结构化程序设计

#### 6.1.2.1 结构化程序设计的原则

(1) 自顶向下：先考虑总体，后考虑细节；先考虑全局目标，后考虑局部目标。这种程序结构按功能划分为若干个基本模块，这些模块形成一个树状结构。

(2) 逐步求精：对复杂问题应设计一些子目标作为过渡，逐步细化。

(3) 模块化：模块化是将程序要解决的总目标分解为分目标，再将分目标进一步分解为具体的小目标，把每个小目标称为一个模块。

(4) 限制使用无条件转移语句。

#### 6.1.2.2 结构化程序设计的基本结构与特点

结构化程序设计的三种基本结构分别是顺序结构、选择结构和循环结构。

(1) 顺序结构：顺序结构是一种简单的程序设计结构，是最基本、最常用的结构。顺序结构的程序是按照程序中语句的先后顺序逐条执行的。顺序结构如图 6-1 所示。

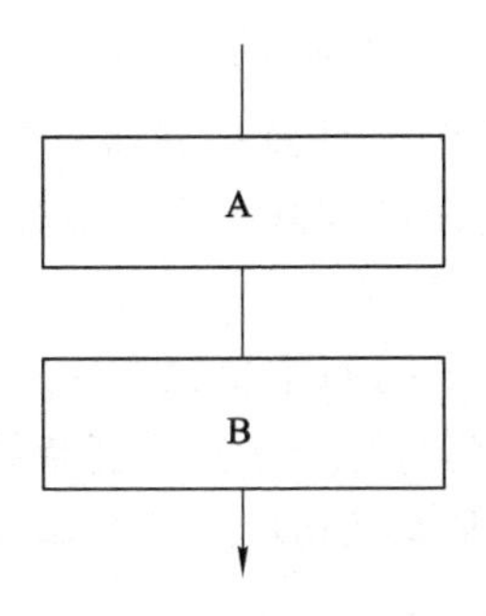


图 6-1　顺序结构

(2) 选择结构：选择结构又称为分支结构，它包括简单选择结构和多分支选择结构，可根据条件判断应该选择哪一条分支来执行相应的语句序列。选择结构如图 6-2 所示。图 6-2(a)的执行过程为：当条件为真时执行 A，否则执行 B；图 6-2(b)的执行过程为：当条件为真时执行 A，否则跳过 A 继续执行后续语句。

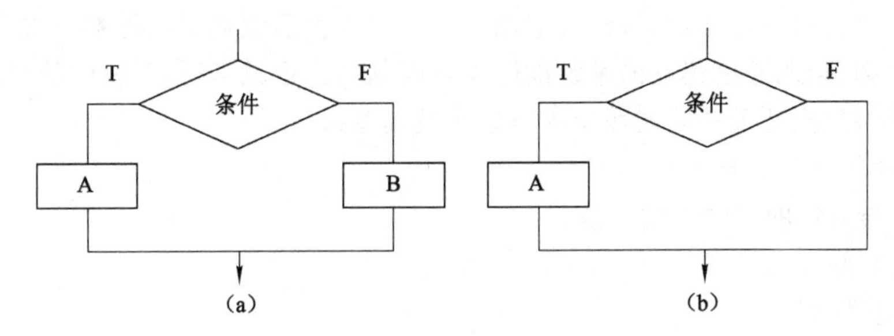


图 6-2　选择结构

(3) 重复结构：重复结构又称为循环结构，它可以根据给定的条件，判断是否需要重复执行某一相同的或类似的程序段。在程序设计语言中，重复结构对应两类循环结构：

① 先判断后执行循环体的称为当型循环结构，如图 6-3(a)所示。

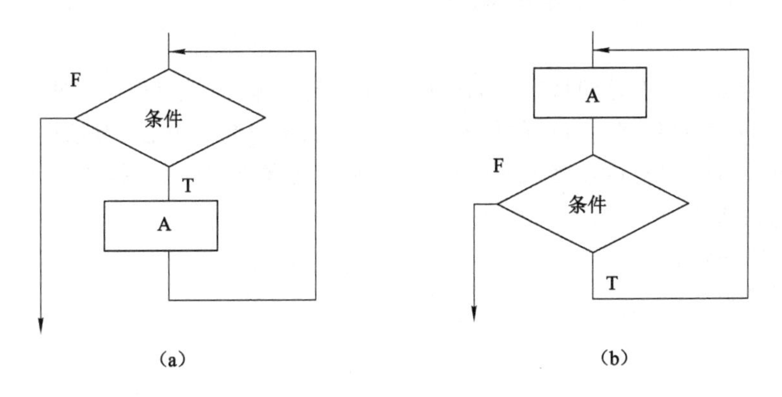


图 6-3　重复结构

② 先执行循环体后判断的称为直到型循环结构，如图 6-3(b)所示。

#### 6.1.2.3 结构化程序设计原则和方法的应用

在结构化程序设计的具体过程中，要注意把握以下要素：

(1) 使用顺序、选择和重复等有限的控制结构表示程序的逻辑控制；

(2) 选用的控制结构只允许有一个入口和一个出口；

(3) 程序语句要组成容易识别的块，每个块只有一个入口和一个出口；

(4) 使用基本控制结构进行嵌套与组合来实现复杂结构；

(5) 用前后一致的方法来模拟基本结构以外的控制结构；

(6) 尽量避免使用无条件转移语句。

### 6.1.3 面向对象的程序设计

#### 6.1.3.1 面向对象方法

1. 面向对象方法的本质

客观世界中任何一个事物都可以被看成一个对象，面向对象的程序设计方法主张从客观世界固有的事物出发来构造系统，提倡用人类在现实生活中常用的思维方式来认识、理解和描述客观事物，强调最终建立的系统能够映射问题域。也就是说，系统中的对象以及对象之间的关系能够如实地反映问题域中固有事物及其关系。

2. 面向对象方法主要优点

(1) 与人类习惯的思维方法一致；

(2) 稳定性好；

(3) 可重复性好；

(4) 易于开发大型软件产品；

(5) 可维护性好，这是因为：① 用面向对象方法开发的软件稳定性比较好；② 用面向对象的方法开发的软件容易修改；③ 用面向对象方法开发的软件容易理解；④ 易于测试和调试。

#### 6.1.3.2 面向对象方法的基本概念

1. 对象

对象是一组属性以及这组属性上的专用操作的封装体，属性可以是一些数据，也可以是另外一个对象，每个对象都有自己的属性值，用以表示该对象的状态，对象中的属性只能通过该对象提供的操作来存取或修改，一个对象通常由对象名、属性和操作这 3 个部分组成。对象的基本特性如下：

(1) 标识唯一性；

(2) 分类性；

(3) 多态性；

(4) 封装性；

(5) 模块性；

(6) 独立性。

2. 封装

封装是一种信息隐藏技术，用户只能看见对象封装界面上的信息，对象的内部实现对用户是隐藏的。封装的目的是使对象的使用者与生产者分离，使对象的定义与实现分开。

3. 属性

属性是对象外观及行为的特征。对象的属性可以在建立对象时由其所属的类（或子类）集成，也可以在对象创建或运行时进行设置与修改。

4. 类和实例

(1) 类：指具有共同属性、方法的对象的集合。

(2) 实例：类的一个具体应用就是一个实例。

5. 消息

实例之间相互传递的信息叫消息，传送的消息实质上是接收对象所具有的操作/方法名称，有时还包括相应参数，消息的组成包括接收消息对象的名称、消息标识符（消息名）、零个或多个参数。

6. 继承

继承是在已有的类定义的基础上建立新类的定义技术，是面向对象方法的一个主要特征。继承分为单继承和多重继承。

(1) 单继承：一个类只允许有一个父类。

(2) 多重继承：一个类允许有多个父类。

继承性使得子类（也叫派生类）可以继承父类（也叫基类）的属性和操作，从而大大减少程序中的冗余信息，提高软件的可重用性，便于软件修改和维护。另外，继承性使得用户在开发新的应用系统时不必完全从零开始。

7. 多态性

对象根据所接收的消息而做出动作，同样的消息被不同的对象接收时可导致完全不同的行为，该现象称为多态性。

与多态性密切相关的一个概念是动态绑定。传统的程序设计语言把过程调用与目标代码的连接放在程序运行前进行，称为静态绑定（或叫静态多态性）。而动态绑定则是把这种连接推迟到运行时才进行。在运行过程中当一个对象发送消息请求服务时，根据接收对象的具体情况把请求的操作与实现的方法连接，就是动态绑定（或叫动态多态性）。

## 6.2　数据结构与算法

### 6.2.1　数据结构

#### 6.2.1.1　基本概念及相关术语

1. 数据

数据是信息的载体，是描述客观事物属性的数字、字符以及所有能输入到计算机中并被计算机程序识别和处理的符号的集合。

2. 数据元素

数据元素是数据的基本单位，通常作为一个整体进行考虑和处理，也称为节点。一个数据元素可由若干个数据项组成，数据项是构成数据元素的不可分割的最小单位。在数据处理领域，每一个需要处理的对象都可以抽象为数据元素，简称元素。现实世界中存在的一切个体都可以是数据元素。如春、夏、秋、冬可以作为季节的数据元素，母亲、儿子、女儿可以作为家庭成员的数据元素。

3. 数据结构

数据结构是指相互之间存在一种或多种特定关系的数据元素的集合。数据结构包括三方面的内容：逻辑结构、存储结构（也叫物理结构）和数据的运算。一个算法的设计取决于所选定的逻辑结构，而算法的实现依赖于所采用的存储结构。

#### 6.2.1.2 数据结构的内容

1. 数据的逻辑结构

数据的逻辑结构描述了数据元素之间的逻辑关系。它与数据的存储位置无关，是独立于计算机的。数据的逻辑结构分为线性结构和非线性结构。

(1) 线性结构：结构中的数据元素是一对一的关系，有且仅有一个开始节点和终端节点，除了开始节点和终端节点外，其余每个节点都有且只有一个直接前驱和一个直接后继。典型线性结构有栈、队列、单链表、双链表等。

(2) 非线性结构：一个节点可以有多个前驱和后继。如果一个节点至多只有一个前驱而可以有多个后继，就是树形结构。树是一种非常重要的非线性结构，数据元素之间存在着一对多的关系。如果对节点的前驱和后继的个数不作限制，即任何两个节点之间都可能有相邻关系，就是图结构。图是一种更为复杂的数据结构，数据元素之间存在着多对多的关系。如果数据元素之间除了同属于一个集合的关系外，无任何其他关系，就是集合结构。

2. 数据的存储结构

存储结构指数据的逻辑结构在计算机存储空间中的存放形式，也称物理结构。它包括数据元素的表示和关系的表示。一种数据的逻辑结构可以表示成多种存储结构，采用不同的存储结构，则数据的处理效率是不同的。数据的存储结构主要有顺序存储、链式存储、索引存储和散列存储。

(1) 顺序存储。顺序存储把逻辑上相邻的元素存储在物理位置上也相邻的存储单元里，元素之间的关系由存储单元的相邻关系来体现。其优点是可以随机存取，每个元素占用最少的存储空间；缺点是只能使用一段连续的存储空间，可能产生较多的外部碎片，如数组。

(2) 链式存储。链式存储不要求逻辑上相邻的元素在物理位置上相邻，借助指示元素存储地址的指针表示元素之间的逻辑关系。其优点是不会出现碎片现象，可充分利用存储空间；缺点是每个元素因存储指针而占用额外的存储空间，占用一定的开销，只能顺序存取。

(3) 索引存储。索引存储在存储元素信息的同时，建立附加索引表。索引表的每一项称为索引项，索引项的一般形式为：(关键字，地址)。其优点是检索速度快；缺点是增加了附加的索引表，会占用较多的存储空间。另外，在增加和删除数据时需要修改索引表，花费较多时间。

(4) 散列存储。散列存储根据元素的关键字直接计算出该元素的存储地址，又称 Hash 存储。其优点是检索、增加和删除节点操作都很快；缺点是如果散列函数不好，可能出现元素存储单元的冲突，而解决冲突会增加时间和空间的开销。

3. 数据的运算

施加在数据上的运算包括运算的定义和实现。运算的定义是针对逻辑结构的，指出运算的功能；运算的实现是针对存储结构的，指出运算的具体操作步骤。常用的运算有查找、插入、删除、修改、排序、合并等。

## 6.2.2　算法

### 6.2.2.1　算法的基本概念

1. 算法

算法是解题方案的准确而完整的描述。对于一个问题，如果可以通过一个计算机程序在有限的存储空间内运行有限长的时间而得到正确的结果，则称这个问题是算法可解的。但算法不等同于程序，也不等同于计算方法。

2. 算法的特征

(1) 确定性：算法中的每一步操作都必须要确切地定义，不能产生歧义，即对于相同的输入，得到相同的输出结果。

(2) 有穷性：一个算法总是在执行了有限步的操作之后终止。

(3) 可行性：也称为能行性，算法中有待实现的操作都是可执行的，即在计算机的能力范围内，且在有限的时间内能够完成。

(4) 输入：一个算法可以有零个或多个输入，这些输入取自某个特定的对象的集合。

(5) 输出：至少产生一个输出，也可以有多个输出，这些输出是同输入有着某种特定关系的量。

3. 算法的基本要素

算法的基本要素包括以下三个方面：

(1) 对数据运算的操作，如算术运算、逻辑运算。

(2) 算法的控制结构。一个算法一般都可以用顺序、选择和循环三种基本控制结构组合而成。

(3) 描述算法的工具。描述算法的工具通常有自然语言描述，传统的流程图，N-S 结构化流程图(无线的流程图，又称为盒图)，伪代码描述等。

4. 算法设计的基本方法

常用的算法设计方法有以下几种：

(1) 列举法：列举出所有可能，再逐一检验，得到符合条件的结果。

(2) 归纳法：通过分析少量特殊情况，找出一般关系。

(3) 递推：从已知的初始条件出发，逐步推算，得到结论。

(4) 递归：将问题逐层分解，最后归结为一些最简单的问题。

(5) 减半递推：重复将问题规模减半，而问题性质不变。

(6) 回溯法：以最优方式向前试探，如果失败，则逐步退回再选。

### 6.2.2.2　算法效率的度量

算法效率的度量是通过时间复杂度和空间复杂度来描述的，可以衡量算法的优劣。

(1) 时间复杂度：时间复杂度是指执行算法所需要的计算工作量。算法的计算工作量用算法所执行的基本运算次数来度量,基本运算次数是问题规模的函数。算法的计算工作量用$O(n)$表示,其中$n$是问题的规模。一般考虑最坏情况下的时间复杂度,即在规模为$n$时,取算法所执行的基本运算的最大次数,以保证算法的运行时间不会比它更长。

(2) 空间复杂度:空间复杂度是指执行算法所需要的内存空间。与算法的时间复杂度类似,空间复杂度是算法所需要存储空间的度量。

一个上机程序除了需要存储空间来存放本身所用指令、常数、变量和输入数据外,也需要一些对数据进行操作的存储单元和辅助空间,若输入数据所占空间只取决于问题本身,和算法无关,则只需要分析除输入和程序之外的额外空间。

# 6.3 逻辑结构

## 6.3.1 线性表

### 6.3.1.1 定义及特点

1. 线性表的概念

线性表是$n$个数据元素的有限序列,它们之间的关系可以排成一个线性序列($a_1,a_2,\cdots,a_i,a_{i+1},\cdots,a_n$),其中,$n$为线性表的长度,即线性表中数据元素的个数,$i$为表的序号。当$n=0$时称作空表。

2. 线性表特点

(1) 线性表中所有元素的性质相同。

(2) 除第一个和最后一个数据元素之外,其他数据元素有且只有一个前驱和一个后继。第一个数据元素无前驱,最后一个数据元素无后继。

(3) 数据元素在表中的位置取决于它自身的序号。

3. 线性表的存储方式

线性表的存储方式分为顺序存储和链式存储两种。

### 6.3.1.2 顺序存储

1. 顺序存储

顺序存储是指用一组地址连续的存储单元依次存放线性表的数据元素的存储方式。用这种方式存储的线性表称为顺序表。其特点如下:

(1) 顺序表中的数据元素类型一致,只有数据域,存储空间利用率高。

(2) 顺序表中所有元素所占的存储空间是连续的。

(3) 顺序表中各数据元素在存储空间中是按逻辑顺序依次存放的,做插入和删除时需要移动大量元素,空间估计不明时,按最大空间分配。

2. 顺序表的插入与删除操作

(1) 插入操作:在线性表的第$i$个位置上插入一个值为$x$的元素,线性表的逻辑结构由($a_1,\cdots,a_{i-1},a_i,\cdots,a_n$)改变为($a_1,\cdots,a_{i-1},x,a_i,\cdots,a_n$),表长变为$n+1$。

(2) 删除操作:删除线性表中的第$i$个数据元素,线性表的逻辑结构由($a_1,\cdots,a_{i-1},a_i,a_{i+1},\cdots,a_n$)改变为($a_1,\cdots,a_{i-1},a_{i+1},\cdots,a_n$),表长变为$n-1$。

#### 6.3.1.3　链式存储

1. 单链表及其基本操作

线性表的链式存储结构称为线性链表或单链表。计算机存储空间被划分为一个一个小块，称为存储节点，每一个小块占若干字节。每个数据元素占用一个节点(node)。每个节点包括两个域：一个域存储数据元素信息，称为数据域；另一个域存储直接后继存储位置，称为指针域。指针域中存储的信息称作指针或链。指向线性表中第一个节点的指针 head 称作头指针。最后一个节点没有后继节点，它的指针域为空，用"∧"表示。若 head＝NULL(或 0)时称为空表。单链表的逻辑结构图如图 6-4 所示。

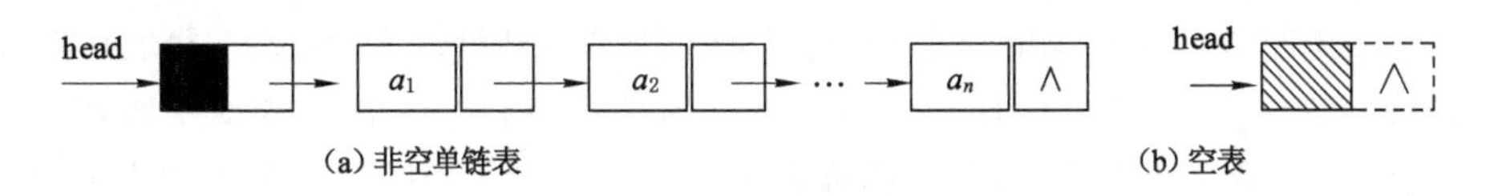


图 6-4　单链表的逻辑结构图

链式存储结构特点有：

(1) 比顺序存储结构的存储密度小。

(2) 逻辑上相邻的节点物理上不必相邻。

(3) 插入和删除运算比较灵活，不必移动节点，只需改变节点中的指针。

(4) 查找节点时，链式存储比顺序存储慢。

在单链表上的运算有初始化、查找、插入、删除等。

单链表的查找、插入、删除等操作都是从头节点开始，向后查找到插入或删除的位置，然后进行插入或删除操作。如果表的长度是 $n$，则上述算法的时间复杂度为 $O(n)$。

在单链表中，可以通过指针域从任何一个节点找到它的后继节点，但要寻找它的前驱节点，则需要从表头出发顺着链表查找。因此，对于经常需要既向后查找又向前查找的问题，采用双向链表结构更方便。

2. 双向链表及其基本操作

除了包括数据域外，对线性链表中每个节点设置两个指针，一个称为左指针(prior)，用以指向该节点的前驱节点，另一个称为右指针(next)，用以指向其后继节点，这样的线性链表称为双向链表。

(1) 插入操作：在双向链表的指定节点 p 之前插入一个新的节点。

其算法思想如下：

① 生成一个新节点 s，将值 x 赋给 s 的数据域。

② 将 p 的前驱节点指针作为 s 的前驱节点指针。

③ p 作为新节点的直接后继。

④ s 作为节点的直接前驱的后继。

⑤ s 作为 p 节点新的直接前驱。

(2) 删除操作：在双向链表中删除 p 节点。

其算法思想如下：

① 将节点 p 后继节点的地址赋值给节点 p 前驱节点的 next 指针。

② 将节点 p 前驱节点的地址赋值给节点 p 后继节点的 prior 指针。

③ 删除节点 p。

主要操作步骤如下：

{p－＞prior－＞next＝p－＞next； p－＞next－＞prior＝p－＞prior； free(p)； }

3. 循环链表及其基本操作

将线性链表中最后一个节点的空指针改为指向头节点，这样就形成了一个环，从任意一个节点出发均可找到其他节点，这种形式的链表叫作循环链表。

循环链表的操作与线性链表类似，只是有关表尾、表空的判定条件不同。在采用头指针描述的循环链表中，空表的条件是 head－＞next＝head，指针 p 到达表尾的条件是 p－＞next＝head。因此，循环链表的插入、删除、建立、查找等操作只需在线性链表的算法上稍加修改即可。

在循环链表结构中，从表中任一个节点出发均可找到表中的其他节点。如果从头指针出发，访问链表的最后一个节点，必须扫描表中所有的节点。若把循环链表的头指针改用尾指针代替，即从尾指针出发，不仅可以立即访问最后一个节点，而且也可以十分方便地找到第一个节点。

与前述线性链表相比，循环链表的结构具有以下两个特点：

① 在循环链表中，只要指出表中任何一个节点的位置，就可以从它出发访问到表中其他所有的节点。

② 由于在循环链表中设置了一个表头节点，因此，在任何情况下，循环链表中至少有一个节点存在，从而使空表与非空表的运算统一。

### 6.3.2 特殊的线性表

#### 6.3.2.1 栈

1. 栈的概念

栈是一种运算受限的线性表。它限定仅能在表的一端进行插入和删除等操作，允许插入或删除的一端称为栈顶(top)，而不允许插入或删除的一端称为栈底(bottom)。不含元素的栈称为空栈，即 top＝bottom＝0。栈的插入与删除操作分别称作入栈和出栈。入栈是将一个数据元素存放栈顶，出栈是将栈顶元素取出。栈的示意图如图 6-5 所示。

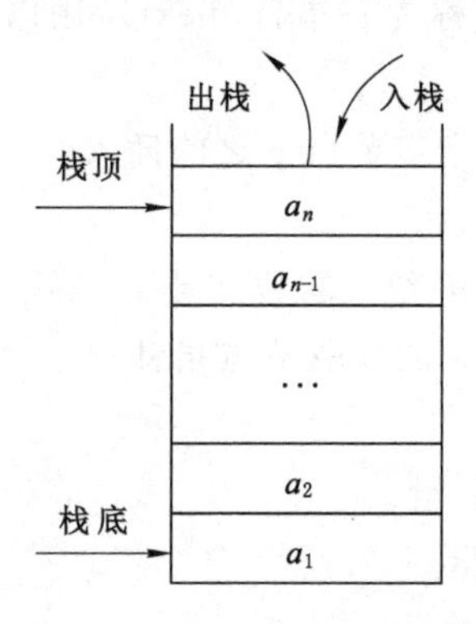


图 6-5 栈的示意图

2. 栈的运算原则

根据栈的定义可知，插入元素时，最先放入栈中的元素在栈底，最后放入的元素在栈顶；删除元素时则相反，最后放入的元素最先删除，最先放入的元素最后删除。栈的运算所遵循的原则称为后进先出(last in first out，LIFO)。因此，栈是一种后进先出的线性表，简称为 LIFO 表。如元素是以($a_1$，$a_2$，…，$a_n$)的顺序进栈，退栈的次序却是($a_n$，$a_{n-1}$，…，$a_1$)。

3. 栈的顺序存储及基本操作

顺序存储用一维数组作为栈的顺序存储空间，如图 6-6 所示的虚线部分，栈底指针指向栈空间的低地址一端，即一维数组的起始地址。如图 6-6(a)所示，该栈的最大容量为 8，栈中已有 5 个元素。

栈的基本操作分为入栈操作和出栈操作，如图 6-6(b)和图 6-6(c)所示。

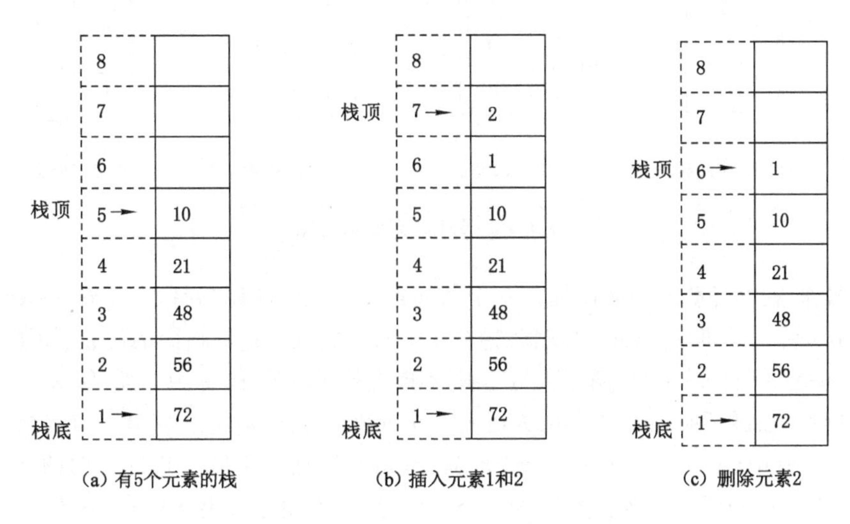


图 6-6　栈的顺序存储及入栈和出栈操作

### 6.3.2.2　队列

1. 队列的概念

队列是一种运算受限的线性表。它只允许在表的一端进行插入，而在表的另一端进行删除。允许插入的一端称为队尾，允许删除的一端称为队头。

2. 队列的运算原则

队列的运算所遵循的原则称为先进先出(first in first out，FIFO)。因此，队列是一种先进先出的线性表，简称 FIFO 表。生活中有很多队列的例子，如车站排队买票，排在队头的买完票就走掉，后来的则必须排在队尾等待。在程序设计中，比较典型的例子就是操作系统的作业排队。

3. 队列的顺序存储及基本操作

顺序存储用一维数组作为队列的顺序存储空间。队列的基本操作分为进队操作和出队操作。

4. 循环队列及其基本操作

将队列存储空间的最后一个位置绕到第一个位置，形成逻辑上的环状空间，供队列循环使用，这样的队列称为循环队列。在实际应用中，队列的顺序存储结构采用循环队列的形式。如图 6-7(a)所示，队尾指针(rear)指向队列中队尾元素的位置，队头指针(front)指向队列中队头元素的前一个位置。当循环队列为空时，front=rear。当循环队列为满时，front=rear。为了区分队列的空与满，可以设置一个标志 s，队列为空时，s=0；队列为满时，s=1。规定循环队列中最多可存放 $m$ 个元素，假设循环队列的初始状态为空，则有：s=0，front=rear=$m$。

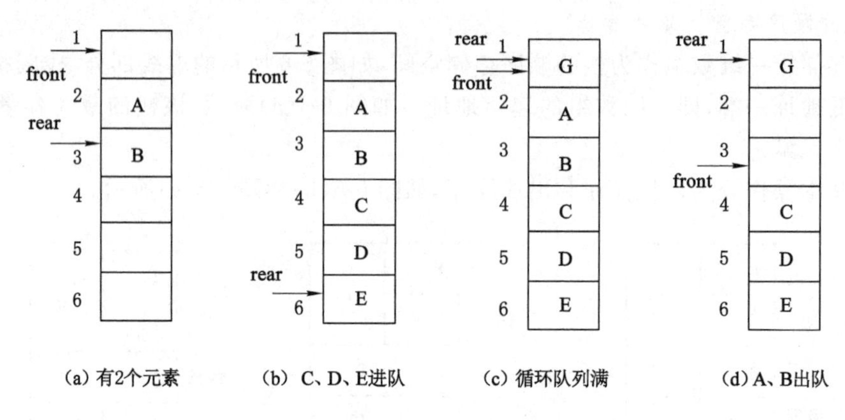


图 6-7　循环队列的示意图

进队操作：在循环队列的队尾加入一个新元素。首先将队尾指针加 1(rear=rear+1)，当队尾指针 rear=$m$+1 时置 rear=1，然后将新元素插入到队尾指针指向的位置，如图 6-7(b)所示。当 front=rear 且 s=1 时，循环队列已满，不能进行进队操作，称为上溢，如图 6-7(c)所示。

出队操作：在循环队列的队头位置退出一个元素并赋给指定的变量。首先将队头指针加 1(front=front+1)，当 front=$m$+1 时置 front=1，然后将队头指针指向的元素赋给指定变量，如图 6-7(d)所示。当循环队列为空(s=0)时，不能进行出队操作，称为下溢。

## 6.3.3　树形结构

### 6.3.3.1　树的基本概念

1. 树的概念

树是 $n(n\geqslant 0)$ 个节点的有限集。在任意一棵非空树中：

(1) 有且仅有一个特定的称为根(root)的节点。

(2) 当 $n>1$ 时，其余节点分成 $m(m>0)$ 个互不相交的有限集 $T_1, T_2, \cdots, T_m$，其中每一个集合本身又是一棵树，并且称为根的子树。

2. 树的相关术语

(1) 父母与子女：节点的子树称为该节点的子女，反之，该节点称为子女节点的父母。

(2) 兄弟：同一个父母的子女之间互为兄弟。

(3) 祖先与子孙：节点的祖先是从根到此节点分支上的所有节点，从该节点到终端节点的路径上的所有节点称为该节点的子孙。

(4) 边：树形结构中两个节点的有序对，称作连接这两个节点的一条边。

(5) 节点的度数：节点所拥有的子树的棵数。

(6) 叶子：度数为 0 的节点，又称为终端节点。

(7) 节点的层数:规定根节点的层数为 0,其他所有节点的层数等于它的父母节点的层数+1。

(8) 树的高度:树中节点的最大层数。

(9) 树的度:树中节点的度的最大值。

(10) 森林:零棵或多棵不相交的树的集合。

#### 6.3.3.2　二叉树相关概念

1. 二叉树的特点

非空二叉树只有一个根节点,每个节点最多有两棵子树,且分别称为该节点的左子树和右子树。

2. 二叉树基本性质

(1) 在任意一棵二叉树中,度为 0 的节点(即叶子节点)总是比度为 2 的节点多一个。若叶子节点的个数为 $n_0$,度为 2 的节点的个数为 $n_2$,则 $n_0=n_2+1$。

(2) 二叉树的第 $i$ 层上至多有 $2^{i-1}(i>0)$个节点。

(3) 深度为 $h$ 的二叉树中至多含有 $2^h-1$ 个节点。

(4) 具有 $n$ 个节点的二叉树,其深度至少为$[\log_2{}^n]+1$。其中$[\log_2{}^n]$表示取 $\log_2{}^n$ 整数部分。

3. 满二叉树与完全二叉树

满二叉树是指除最后一层外,每一层上的所有节点都有两个子节点的二叉树。满二叉树的特点是每一层上都含有最大节点数。

完全二叉树是除最后一层外,每一层上的节点数均达到最大值,在最后一层上只缺少右边若干节点的二叉树。完全二叉树的特点是除最后一层外,每一层都取最大节点数,最后一层节点都集中在该层最左边的若干位置。

注意:满二叉树是完全二叉树,完全二叉树不一定是满二叉树。

对于完全二叉树而言,如果它的节点个数为偶数,则该二叉树中叶子节点的个数=非叶子节点的个数。如果它的节点个数为奇数,则该二叉树中叶子节点的个数=非叶子节点的个数+1(即叶子节点数比非叶子节点数多一个)。

#### 6.3.3.3　二叉树的存储结构

二叉树采用链式存储结构,存储节点包含数据域和指针域两部分。用于存储二叉树的存储节点有两个指针域,一个用于指向该节点左子节点的存储地址,另一个用于指向该节点右子节点的存储地址。

一个二叉树里所有此种形式的节点,再加上一个指向二叉树的根节点的指针变量 root,就构成了二叉树的链式存储表示,也称作二叉链表表示法。

#### 6.3.3.4　二叉树的遍历

1. 二叉树的遍历

按照一定的次序系统地不重复地访问二叉树的所有节点,使每个节点恰好被访问一次。

2. 二叉树的三种遍历方法

设访问根节点记作 V,遍历根的左子树记作 L,遍历根的右子树记作 R。

(1) 前序遍历 VLR("根左右"):它的递归定义是先访问根节点,再前序遍历左子树,最后前序遍历右子树。

(2) 中序遍历 LVR(“左根右”):它的递归定义是先中序遍历左子树,再访问根节点,最后中序遍历右子树。

(3) 后序遍历 LRV(“左右根”):它的递归定义是先后序遍历左子树,再后序遍历右子树,最后访问根节点。

## 6.4 查找算法

查找(又称检索)就是在数据结构中寻找满足某种条件的节点。查找的结果有两种可能:一种是在结构中搜索到满足查找条件的节点,称为查找成功;另一种是该结构中不存在满足查找条件的节点,则称为查找失败。查找算法的评价主要考虑算法的时间复杂度,既可以采用数量级的形式表示,也可以采用平均检索(查找)长度,即在查找成功情况下的平均比较次数来表示。

查找可分为顺序查找和二分法查找两种。

1. 顺序查找

顺序查找又称线性查找,是一种最简单、最基本的查找方法。其基本方法是:从表中第一条记录开始,逐个比较记录的关键字和给定值,若某个记录的关键字和给定值相等,则查找成功;若直至最后一个记录,其关键字和给定值都不相等,则表明表中没有所查记录,查找失败。

2. 二分法查找

二分法查找又称折半查找,是一种效率较高的查找方法,但它要求被查找的线性表是顺序存储且表中元素是有序的。以升序顺序表为例,其查找方法为:在表首位置为 low=1、表尾位置为 high=$n$ 的线性表中,先求出表的中间位置 mid=(low+high)/2,然后用给定的查找值与下标为 mid 的元素进行比较。若下标为 mid 的值与给定值相等,则查找成功。若下标为 mid 的值小于给定查找值,则说明如果表中存在要找的元素,该元素一定在下标为 mid 的元素的后半部分,此时,修改 low 的值,low=mid+1,high 不变。若下标为 mid 的值大于给定查找值,则说明如果表中存在要找的元素,该元素一定在下标为 mid 的元素的前半部分,此时,low 的值不变,修改 high 的值,high=mid−1。重复上述过程,直到查找成功或查找失败为止。

二分法查找的优点是比较次数少,查找效率高,但它要求表顺序存储且有序。对于查找较少而又经常要改动的线性表,可采用链式存储结构进行顺序查找的方法。长度为 $n$ 的有序线性表,最坏情况下二分法查找需要比较 $\log_2^n$ 次,而顺序查找需要比较 $n$ 次。

# 第 7 章　人工智能基础

人工智能是研究用计算机模拟人类智力活动的理论和技术，主要包括计算机实现智能的原理、制造类似人脑智能的计算机，能够以类似人类智能的方式做出反应，使计算机实现更高层次的应用，被认为是 21 世纪三大尖端技术(基因工程、纳米科学、人工智能)之一。人工智能就其本质而言，是对人的思维过程的模拟。尽管人工智能并非人类智能，但它未来有可能像人类一样思考，甚至超越人类智能。人工智能的研究领域包括机器人、语言识别、图像识别、自然语言处理和专家系统等。随着人工智能理论和技术的不断成熟，其应用领域也在不断扩大。可以预见，未来人工智能所带来的科技产品将成为人类智慧的“容器”。

本章重点介绍人工智能的起源、知识表示方法、自动推理、专家系统、搜索算法和智能计算等相关概念。

本章学习目标与要求：

(1) 了解人工智能的基础知识和三大研究学派。

(2) 了解知识的概念和知识表示方法。

(3) 掌握什么是确定性推理和不确定性推理。

(4) 了解专家系统的内涵和结构。

(5) 掌握盲目搜索、启发式搜索和博弈搜索三种搜索方法。

(6) 了解智能算法中的模糊逻辑、神经计算、进化计算和群优化的原理和特点。

## 7.1　人工智能概述

### 7.1.1　什么是人工智能

人工智能(artificial intelligence，AI)是一个范围很广的术语，在其发展过程中，不同背景的专家学者对人工智能有着不同的理解。综合各种不同的观点，可以从“能力”和“学科”两个方面对人工智能进行定义。从能力的方面来看，人工智能是指通过模拟人类智能的各种特征和能力，使机器能够执行类似人类所需的智能任务的技术和方法，包括理解自然语言、学习、推理、规划、感知、认知能力等。从学科的方面来看，人工智能是一门研究如何用人工的方法模拟和实现人类智能的学科。

那如何判断机器是否智能呢？英国数学家图灵曾提出了一个很著名的测试来证明机器是否智能，称为“图灵测试”。如图 7-1 所示，该实验假设有一台计算机 A 和某个真人志愿者 B 同时接受检查，同时由询问者 C 根据二者的回答判断对方是人还是计算机。计算机和志愿者在询问者的视线之外，询问者必须有意识地提出一些检验问题并根据双方的回答来决定二者谁为电脑谁为人类。提问和回答均采用间接交流的方式，例如通过键盘展现在屏幕上，与此同时，询问者不允许从任何一方得到除了问答之外的其他信息。在这个前提下，如果无论如何更换询问者和真人志愿者，询问者成功分辨出人和计算机的概率都小于50%，则认为该机器具有了人类智能。

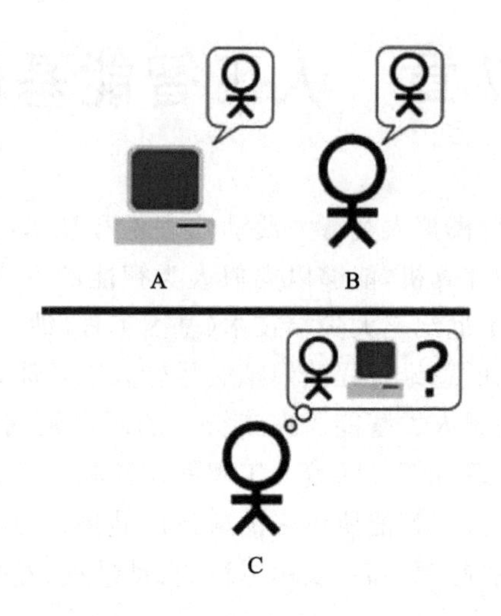


图 7-1　图灵测试

尽管图灵测试具有直观上的吸引力，但仍有许多专家学者对图灵测试的标准提出了质疑和批评。他们认为图灵测试并不能真正测量机器是否智能，因为其过于依赖人类主观的判断，并没有考虑智能的多样性和复杂性。此外，图灵测试也不能真正测试机器是否具有自主意识、情感和创造力等高级智能特征，测试过于简化了智能的概念，忽略了机器智能与人类智能之间的本质差异。

尽管如此，图灵测试对人工智能发展的影响仍然是十分深远的，图灵测试仍然是检测和证实现代人工智能软件智能性的一个重要部分。

### 7.1.2　人工智能的研究内容

脑科学和认知科学是人工智能重要的理论基础，对开展人工智能研究具有重要的指导和启迪作用，因此我们要重视脑科学和认知科学的研究内容。

1. 脑科学

在脑科学中，脑的含义可从狭义和广义两个方面来理解。狭义上讲，脑指中枢神经系统，有时特指大脑；广义上讲，脑可泛指整个神经系统。人们一般是从最广泛的交叉学科的角度来理解脑科学的，因此其学科范畴涵盖了所有与认识脑和神经系统有关的研究。而人工智能的主要任务是用机器来模拟人脑，因此脑科学的研究是人工智能研究的必然前提。

人脑被认为是自然界中最复杂、最高级的智能系统。这种复杂性主要表现为人脑是由巨量神经元及其突触的广泛并行互联形成的一个巨复杂系统。现代脑科学的基本研究内容主要包括揭示神经元之间的联结形式，奠定行为的脑机制的结构基础；阐明神经活动的基本过程，说明在分子、细胞和行为等不同层次上神经信号的产生、传递机制等基本过程；鉴别神经元的特殊细胞生物学特性；认识实现各种功能的神经回路基础；解释脑的高级功能机制等。脑科学研究的任何进展，都会对人工智能的研究起到积极的推动作用。因此，脑科学是人工智能的重要基础，人工智能应该加强与脑科学的交叉研究，以及人类智能与机器智能的集成研究。

2. 认知科学

人类的认知过程非常复杂，人们对其研究形成了认知科学。认知科学也称思维科学，是一门研究人类感知和思维信息处理过程的学科，它包括从感觉的输入到复杂问题的求解，从人类个体智能到人类社会智能的活动，以及人类智能和机器智能的性质。其主要研究目的是说明和解释人类在完成认知活动时是如何进行信息加工的。认知科学也是人工智能的重要理论基础，对人工智能发展起着根本性的作用。认知科学涉及的问题非常广泛，除了知觉、语言、学习、记忆、思维、问题求解、创造、注意、想象等关联活动外，还有环境、社会、文化背景等因素的影响。从认知观点来看，人工智能不能仅限于对逻辑思维的研究，还必须深入开展形象思维和灵感思维的研究。只有这样才能使人工智能具有更坚实的理论基础，才能为智能计算机系统的研制提供更新的思想，创造更新的途径。

### 7.1.3　人工智能的研究学派

由于智能问题的复杂性，具有不同学科背景或不同研究应用领域的专家学者，在从不同角度、用不同方法、沿着不同途径对人工智能本质进行探索的过程中，逐渐形成了符号主义、联结主义和行为主义三大学派。随着研究的深入，这三大学派正在由早期的激烈争论和分立研究逐步走向取长补短和综合研究。

#### 7.1.3.1　符号主义

符号主义认为人工智能源于数理逻辑，旨在用数学和物理学中的逻辑符号来表达思维的形成，通过大量的“如果……就”规则定义，产生像人一样的推理和决策。符号主义强调思维过程的逻辑性，侧重于推理和解决问题的思路。它在计算机代数、自然语言处理、语音识别等领域得到了广泛应用。符号主义用人的思想类比计算机程序，认为其均具有接受、操纵、处理和产生符号的能力，尽管它们具有不同的形状和结构。因此，计算机能够表征现实世界中的所有现象。

符号主义是“图灵测试”的拥趸者，它支持“图灵测试”作为判断计算机是否拥有人类智能的标准。从这个意义上说，符号主义是早期人工智能领域中最为重要的研究纲领，在人工智能领域占据主导地位。但随着人工智能的发展，符号主义在常识获取和知识处理能力上遇到了理论困境，同时在机器语言的翻译问题上遇到了实践困难。这使得符号主义受到了人们的质疑，其发展受到阻碍，符号主义的衰落也直接影响人工智能的发展前景。

#### 7.1.3.2　联结主义

联结主义又称为仿生主义，它结合了认知心理学、心理哲学的一些理论，试图将心智或行为表现为互联网中单纯元件的相互联结。联结主义试图使机器模拟大脑，通过建立一个类似人脑中神经元的模拟节点网络来处理信号。信号的传播方式如同大脑神经元之间的突触联结，从一个节点传递到另一个节点。生物学家麦卡洛克和皮茨提出了将神经细胞简单化的M-P模型(McCulloch-Pitts model)，这个模型通过对生物神经元构造特征的模拟，使机器可以拥有智能。M-P模型的提出是联结主义的开端。

联结主义基于微观生物学的角度来模拟人的大脑，为人工智能获得人类智能开拓了一条新的研究思路。但联结主义实质上还是一种计算主义,它的理论探讨与其所建构的人工神经网络同人类智能相比有根本的差别,联结主义的智能建构仍任重而道远。

#### 7.1.3.3 行为主义

行为主义又叫进化主义。行为主义早先是心理学中的概念,其认为行为是一个有机体用来适应环境变化的生理反应的组合。行为主义主张从还原论的立场出发放弃对意识的研究,专注于人和动物等有机体行为的研究。行为是有机体应对环境的全部活动,因此行为主义主要研究环境对有机体的刺激(stimulus)与有机体的反应(response)之间的关系,即S-R(stimulus-response)模式,该模式是行为主义的主要研究内容。

人工智能的行为主义学派延续了行为主义在心理学中的观点,专注于主体与环境的相互作用,并且将这种相互作用看作智能行为。主体与环境的互动既包括主体针对不同的环境所给出的反馈,也包括主体的反馈对环境所产生的影响。行为主义学派认为这种主体与环境的"快速反馈"可以取代传统人工智能中精密的数学模型,更好地适应各种复杂、不确定和非结构化的客观环境。在行为主义心理学的影响下,威纳创立的控制论被认为是第一次将人工智能与行为主义联系到一起的理论。

受控制论的影响,行为主义提出通过模拟动物的进化机制,使得机器获得自适应能力。"图灵测试"也遵循了行为主义的逻辑,其接受测试的机器内部构造与运行原理不需要同人类大脑相同,只要求机器运行后给出的答案看起来与大脑思考结论一致即可。作为一个快速发展的技术领域,人工智能的研究纲领具有理论的多样性。符号主义和联结主义在计算或信息处理的共同基础上有所互补,但目前很难与行为主义融合。尽管尝试从不同的角度统一人工智能的理论纲领是很多人的共同愿景,但这一实践目前来看难以实现。

## 7.2 知识与知识表示

### 7.2.1 什么是知识

根据符号主义的观点,知识是一切智能行为的基础,要使计算机智能,必须让它先拥有知识。但是知识是一个抽象的术语,计算机是不能直接识别知识的。那什么是知识呢?从哲学的观点来看,知识就是人类在改造客观世界的实践中积累起来的认识和经验。柏拉图在《泰阿泰德篇》中认为"知识是真实的(true)、确信的(belief)、逻辑成立的(justification)。其后的亚里士多德、笛卡儿、康德等西方哲学家也对知识论进行了研究探讨。为了更加准确地描述知识的定义,本节引入数据和信息两个概念。

数据是人们为了描述客观实际的具体事务引入的数字、字符、文字等符号或者符号的组合。例如,我们可以用文字描述一个地方的地名,用数字描述一个地方的温度等。但是数据只是原材料,它只是描述发生了什么事情,并不能提供判断、解释和行动的可靠基础。以上述例子来讲,我们不能通过一个地方的地名和温度来准确判断当地是什么天气。

信息是由不同的数据所组成的一种有意义的结构,信息是数据在特定场合下的定义,也可以称为数据的语义。信息虽然给出了数据中一些有一定意义的东西,但它往往和当时事件没有什么关联,还不能作为判断、决策和行动的依据,仅仅是对客观事物的一种简单描述。信息的目的在于调整接收者对于事情的看法,并影响其判断行为。例如,我们接收到温度逐渐下降的信息，我们就会思考是不是应该加衣服；如果每天都在下雨，是不是出门都要带伞。

但是如果要彻底解决问题，光靠信息和数据是完全不够的，还需要对其进行加工、整理、解释、挑选和改造。即以信息为基础，对信息进行再加工，并深入分析和总结以获取有用的知识，用知识来解决问题。由此可见，知识是对信息进行智能加工所形成的对客观世界规律性的认识。

在智能系统中，知识通常是特定领域的。为了能让智能系统理解和处理知识，并完成基于知识的任务，首先得对知识构建模型，即知识的表示。不同的任务、不同的知识类型有不同的知识表示方法。目前常用的知识表示方法有谓词逻辑、产生式系统、状态空间、语义网络、框架表示法、问题规约法、本体、真体、剧本、面向对象的知识表示等。对于传统人工智能问题，任何比较复杂的求解技术都离不开表示与搜索。问题表示方法的优劣，对求解结果及求解效率影响很大，所以为了解决实际复杂问题，通常需要用到多种不同的表示方法。

知识一般有以下三种类型：

① 陈述性知识，又称为描述性知识，用来描述客观事物的特点及其关系的知识。其主要包括符号表征、概念、命题三个层次。

② 过程性知识，又称为程序性知识，是关于问题求解的操作步骤和过程的知识。其主要用来解决“做什么”和“如何做”的问题，可用来进行操作和实践。

③ 控制性知识，又称为元知识、控制策略，是有关各种过程的策略和结构的知识。其主要用来选择问题求解的方法和技巧，协调整个问题的求解过程。

知识一般有以下几个特征：

① 相对正确性。知识是人们对客观世界认识的结晶，且受到长期实践检验。在一定条件及环境下，知识是正确的，且“一定条件及环境”必不可少，它是知识正确性的前提。

② 不确定性。不确定性是由随机性、模糊性、经验、不完全性引起的。

③ 可表示性。知识可用适当的形式表示出来，如用语言、文字、图形等，这样，知识才能被存储、传播。

④ 可利用性。知识可被利用，我们每天都在利用自己掌握的知识来解决各种问题。

因此，知识表示就是对知识的描述，将人类的知识形式化或模型化，用一些约定的符号把知识编码成一组可以被计算机接受，并便于系统使用的数据结构。简而言之，知识表示就是让计算机存储和运用人类的知识。知识表示是研究用机器表示知识的可行性、有效性的一般方法，可看作将知识符号化并输入到计算机的过程和方法。知识表示在智能系统的建造中起到了关键作用，正是以适当的方法表示了知识，才使智能系统展示出了智能行为。

### 7.2.2　知识表示方法

#### 7.2.2.1　谓词逻辑

逻辑在知识形式化表示和机器自动定理证明方面发挥了重要作用，其中最常用的逻辑是谓词逻辑，命题逻辑可以看作谓词逻辑的一种特殊形式。谓词逻辑严格按照相关领域的特定规则，以符号串的形式描述该领域有关客体的表达式，能够把逻辑论证符号化，并用于证明定理，求解问题。在谓词逻辑中，命题通常被表示为 $P(x)$，$Q(x,y)$等形式，其中 $P$ 和 $Q$ 是谓词，$x$ 和 $y$ 是变元。量词包括全称量词（$\forall$，表示对于所有的）和存在量词（$\exists$，表示存在这样的），用来描述命题的范围或数量。

谓词逻辑可以进行逻辑推理，通过推导规则和推理规则来推断命题之间的逻辑关系；也可以将表示自然语言中的逻辑结构形式化，如数学定理、逻辑论证等。在计算机科学中，谓词逻辑被广泛应用于人工智能、数据库系统、形式化验证等领域，用来描述和推理复杂的逻辑关系，以及进行自动化推理和推断。

#### 7.2.2.2 产生式系统

产生式系统是以产生式表示知识的专家系统，由综合数据库、产生式规则库和控制系统构成，其工作方式为把一组产生式放在一起，让它们相互配合、协同作用，一个产生式生成的结论可以供另一个产生式作为已知事实使用，以求得问题的解。产生式系统的基本结构如图 7-2 所示。产生式系统是目前已建立的专家系统中知识表示的主要手段之一，如 MYCIN 系统（一种帮助医生对住院的血液感染患者进行诊断和用抗生素类药物进行治疗的专家系统）、JESS 系统（基于 Java 语言的 CLIPS 推理机）等。在产生式系统中，推理和行为的过程用产生式规则表示，所以产生式系统又称为基于规则的系统。

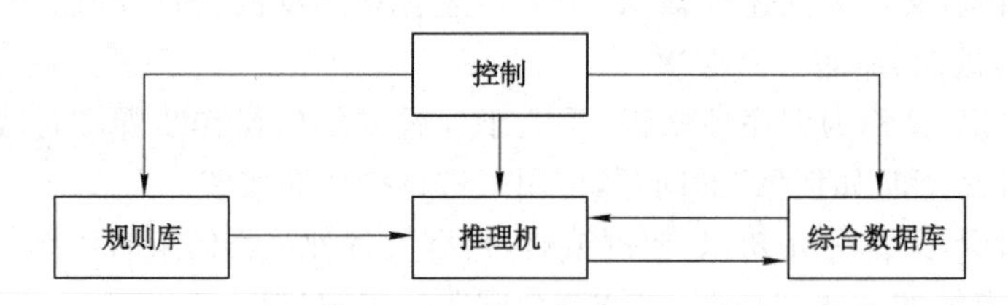


图 7-2　产生式系统的基本结构

#### 7.2.2.3 状态空间

问题求解(problem solving)是个大课题，它涉及规约、推断、决策、规划、常识推理、定理证明和相关过程等核心概念。在分析了人工智能研究中运用的问题求解方法之后就会发现，许多问题的求解方法是采用试探搜索方法，也就是说，这些方法是通过在某个可能的解空间内寻找一个解来求解问题的。这种基于解答空间的问题表示和求解方法称为状态空间法，它是以状态(state)和算符(operator)为基础来表示和求解问题的。

状态空间是为描述某类不同事物间差别而引入的一组最少变量 $q_0, q_1, \cdots, q_n$ 的有序集合，其矢量表示形式如下：

$$Q = [q_0, q_1, \cdots, q_n]^{\mathrm{T}}$$

其中，每个元素 $q_i (i=0,1,\cdots,n)$ 为集合的分量，称为状态变量。给定每个分量的一组值就得到一个具体状态如下：

$$Q^k = [q_0^k, q_1^k, \cdots, q_n^k]^{\mathrm{T}}$$

具体来说，状态就是描述一个问题在开始、结束或中间的某一时刻所处的状况或状态。

算符是使问题从一种状态变化为另一种状态的手段，又称为操作算符。算符可以理解为状态集合上的一个函数，它描述了状态之间的关系，可表示为：

$$F = \{f_1, f_2, \cdots, f_n\}$$

其中，算符可以是走步、过程、规则、数学算子、运算符号或逻辑符号等。

问题的状态空间(statespace)是一个表示该问题全部可能状态及其关系的图，它包含三种说明的集合，即可用三元状态组表示：

$$(S,F,G)$$

其中，$S$为问题初始状态集合，$F$为操作符集合，$G$为目标状态集合。

#### 7.2.2.4　语义网络

语义网络由奎利恩(M. R. Quillian)于1968年提出，作为描述人类联想记忆的一种心理学模型。它是知识的一种图解表示，由节点和弧线或链线组成，如图7-3所示。其中，节点A和节点B表示各种事物、概念、情况、属性、动作、状态等，弧R表示节点间(各种语义)的关系。

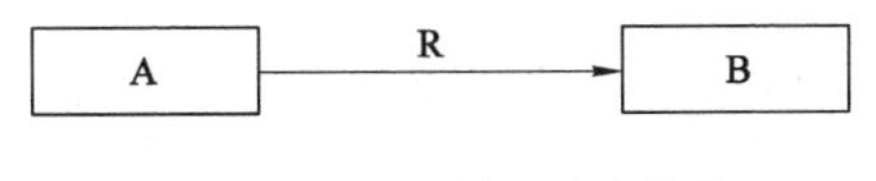


图7-3　语义网络的基本结构

语义网络的特点是把实体结构、属性与实体间的因果关系显式并简明表达出来，与实体相关的事实、特征和关系可通过相应节点弧线推导出来，这样可以以联想方式实现对系统的解释。在语义网络中，与概念相关的属性和联系被组织在一个相应节点中，因此概念更易于受访和学习，表现问题更加直观，更易于理解。这种方式适用于知识工程师与领域专家的沟通，语义网络中的继承方式也符合人类的思维习惯。

但是语义网络结构的语义解释依赖于结构的推理过程而没有结构的约定，因此得到的推理不能保证像谓词逻辑法那样有效。而且节点间的联系可能是线状、树状或网状，甚至是递归状，这样使相应知识的存储和检索过程比较复杂。

#### 7.2.2.5　框架表示法

框架(frame)是一种描述所论对象(一个事物、事件或概念)属性的数据结构。在这个结构中，新的知识可以用从过去的经验中得到的概念来分析和解释。框架是一种结构化表示法，通常采用语义网络中的节点和槽表示结构，所以框架也可定义为一组语义网络的节点和槽，这组节点和槽可以描述格式固定的事物、行动和事件。因此，语义网络可看作节点和槽的集合，也可以视为框架的集合。

框架表示法有三个特点，分别是结构性、继承性、自然性。结构性是指框架表示法能将知识内部结构关系及知识间联系表示出来，是一种结构化的知识表示法。继承性是指框架表示法通过使槽值为另一个框架名字实现了不同框架间的联系，建立起表示复杂知识的框架网络。在框架网络中，下层框架可以继承上层框架的槽值，也可以进行补充和修改，这不仅减少了知识的冗余，而且较好地保证了知识的一致性。自然性是指框架表示法体现了人在观察事物时的思维活动，与人的认识活动是一致的。

### 7.2.3　知识图谱

知识图谱(knowledge graph)在2012年由谷歌公司开发并成功应用到了搜索引擎上，是建立大规模知识的核心应用。知识图谱以结构化的形式将海量知识及其相互联系组织在一张大图中，用于知识的管理、搜索和服务，将互联网信息表达成更接近人类认知世界的形式，提供了一种更好地组织、管理和理解互联网海量信息的能力。

知识图谱主要包含的三类节点分别是实体、概念和属性。实体具有可区别性且独立存在于某种事物，如某个人、某座城市、某种植物、某件商品等。世间万物都由事物组成，即实体。实体是知识图谱的最基本元素，不同实体间存在不同的关系。概念是具有同种特性的实体所构成的集合，如国家、民族、书籍、电脑等。属性是用于区分概念的特征，不同概念具有不同属性，不同属性值的类型对应不同类型属性的边界。如果属性值对应的是概念或实体，则属性描述两个实体间的关系，称为对象属性；如果属性值是具体数值，则称为数据属性。知识图谱的应用越来越广泛，其价值也越来越突显，例如知识融合、语义搜索和面向互联网的推荐、问答与对话系统以及大数据分析与决策等。

## 7.3 自动推理

为使计算机具有智能，仅仅使其拥有知识是不够的，还必须使它具有思维能力，即能运用知识求解问题。推理是求解问题的一种重要方法，因此，推理方法成为人工智能的一个重要研究课题。目前，人们已经对推理方法进行了比较多的研究，提出了多种可在计算机上实现的推理方法。

### 7.3.1 推理的基本概念

人们在对各种事物进行分析、综合并最终做出决策时，通常从已知事实出发，通过运用已掌握的知识，找出其中蕴含的事实，或归纳出新的事实。换言之，推理就是从初始证据出发，按某种策略不断运用知识库中的已知知识，逐步推出结论的过程。而推理机是人工智能系统中推理的程序实现。

构成推理的两个基本要素是已知事实和知识。已知事实(证据)用以指出推理的出发点以及推理时应该使用的知识。知识是使推理得以向前推进，并逐步达到最终目标的依据。以医疗诊断专家系统为例，已知事实是化验单和症状，知识库为专家的经验以及医学常识。那么推理机就是从综合数据库中病人的初始证据(症状、化验结果等)出发，按某种搜索策略在知识库中搜寻匹配的知识，推出中间结论，再搜索、再匹配，直到找出最终结论、得出病因与治疗方案。

推理方式及其分类主要包括以下几点：

① 根据推出结论的途径，划分为演绎推理、归纳推理、默认推理。

② 根据推理时所用知识的确定性，划分为确定性推理、不确定性推理。

③ 根据推理过程中推出的结论是否越来越接近最终目标，划分为单调推理、非单调推理。

④ 根据推理过程中是否运用与推理有关的启发性知识，划分为启发式推理、非启发式推理。

下面将从推理的主流划分方式，即确定性推理和不确定性推理角度，介绍几种常见的推理方式。

### 7.3.2 确定性推理

确定性推理是指推理所用的知识是精确的，推出的结论也是精确的，其值要么为真，要么为假，不会有第三种情况出现。

#### 7.3.2.1　自然演绎推理

自然演绎推理是指从一组已知为真的事实出发，直接运用经典逻辑的推理规则推出结论的过程。基本的自然演绎推理有：$P$ 规则、$T$ 规则、假言推理、拒取式推理等。

① $P$ 规则：在任何推导步骤上，都可以引入前提。

② $T$ 规则：在任何推导步骤上，所得结论都可以作为后继证明的前提。

③ 假言推理：

$$P, P \rightarrow Q \Rightarrow Q$$

由 $P \rightarrow Q$ 及 $P$ 为真，可推出 $Q$ 为真。

例如，如果 $x$ 是金属，则 $x$ 能导电。铜是金属（肯定前件），铜能导电。

④ 拒取式推理：

$$P \rightarrow Q, \neg Q \Rightarrow \neg P$$

由 $P \rightarrow Q$ 及 $Q$ 为假，可推出 $P$ 为假。

例如，如果下雨，则地上就湿。地上不湿（否定后件），没有下雨。

自然演绎推理具有定理证明过程表达自然，容易理解，而且拥有丰富的推理规则，推理过程灵活，便于在推理规则中嵌入领域启发式知识等优点。它的缺点是容易产生组合爆炸，推理过程中得到的中间结论一般以指数形式递增，这对于大规模推理问题来说十分不利。

#### 7.3.2.2　将谓词公式化为子句集

在谓词逻辑中，原子（atom）谓词公式是一个不能再分解的命题。原子谓词公式及其否定，统称为文字（literal）。P 称为正文字，¬P 称为负文字。P 与¬P 为互补文字。任何文字的析取式 ∨ 称为子句（clause）。任何文字本身也是子句。由子句构成的集合称为子句集。不包含任何文字的子句称为空子句，表示为 NIL。由于空子句不含有文字，它不能被任何解释满足，所以，空子句是永假的、不可满足的。

在谓词逻辑中，任何一个谓词公式都可以通过应用等价关系及推理规则化为相应的子句集，从而能够比较容易地判定谓词公式的不可满足性。

将谓词公式化为子句集主要包括以下 9 个步骤：

第一步：消去蕴涵符号→和↔。

第二步：减少否定符号的辖域，把否定符号移到紧靠谓词的位置上。

第三步：对变量标准化。所谓变量标准化就是重新命名变元，使每个量词采用不同的变元，从而使不同量词的约束变元有不同的名字。

第四步：消去存在量词（$\exists x$）。一种情况是存在量词不出现在全称量词的辖域内。此时只要用一个新的个体常量替换受该存在量词约束的变元，就可以消去存在量词。另一种情况是存在量词出现在一个或者多个全称量词的辖域内。此时要用 Skolem 函数替换受该存在量词约束的变元，从而消去存在量词。

第五步：把所有的全称量词（$\forall x$）都移到公式的前面，使每个量词的辖域都包括公式后的整个部分，即化为前束形。

$$\text{前束形} = (\text{前缀})\{\text{母式}\}$$

第六步：把母式化为合取范式（化为 Skolem 标准形）。

Skolem 标准形的一般形式是

$$(\forall x_1)(\forall x_2)\cdots(\forall x_n)M$$

其中,M 是子句的合取式∧,称为 Skolem 标准形的母式。

第七步:消去全称量词($\forall x$)。如果公式中所有变量都是全称量词量化的变量,则可以省略全称量词。母式中的变量仍然可认为是全称量词量化的变量。

第八步:消去连词符号∧,把母式用子句集表示。

第九步:子句变量标准化,使每个子句中的变量符号不同。

#### 7.3.2.3 置换和合一

置换和合一是为了处理谓词逻辑中子句之间的模式匹配而引进的。

① 一个表达式的置换就是在该表达式中用置换项置换变量。

置换是形如$\{t_1/x_1, t_2/x_2, \cdots, t_n/x_n\}$的有限集合。

其中,$t_i$ 是不同于 $x_i$ 的项(常量、变量、函数);$x_1, x_2, \cdots, x_n$ 是互不相同的变量;$t_i/x_i$ 表示用 $t_i$ 代换 $x_i$。

**例 1** $\{a/x, w/y, f(s)/z\}$,$\{g(x)/x\}$是置换;$\{x/x\}$,$\{y/f(x)\}$不是置换。

令置换 $s=\{t_1/x_1, t_2/x_2, \cdots, t_n/x_n\}$,而 $E$ 是一谓词公式,那么 $s$ 作用于 $E$,就是将 $E$ 中出现的 $x_i$ 均以 $t_i$ 代入($i=1,2,\cdots,n$),结果以 $Es$ 表示,并称为 $E$ 的一个例子。

**例 2** 表达式 $P[x, f(y), B]$的 4 个置换为:

$$s1 = \{z/x, w/y\}$$
$$s2 = \{A/y\}$$
$$s3 = \{q(z)/x, A/y\}$$
$$s4 = \{c/x, A/y\}$$

于是,我们可以得到 $P[x, f(y), B]$的四个置换的例,如下:

$$P[x, f(y), B]s1 = P[z, f(w), B]$$
$$P[x, f(y), B]s2 = P[x, f(A), B]$$
$$P[x, f(y), B]s3 = P[q(z), f(A), B]$$
$$P[x, f(y), B]s4 = P[c, f(A), B]$$

② 合一是寻找项对变量的置换,以使两个表达式一致。如果一个置换 $s$ 作用于表达式集$\{E_i\}$的每个元素,则用$\{E_i\}s$ 来表示置换例的集,称表达式集$\{E_i\}$是可合一的。

如果存在一个置换 $s$,使得:

$$E_1 s = E_2 s = E_3 s = \cdots = E_n s$$

则称 $s$ 为表达式集$\{E_i\}$的合一者,因为 $s$ 的作用是使集合$\{E_i\}$成为单一形式。

**例 3** 表达式集$\{P[x, f(y), B], P[x, f(B), B]\}$的合一者为:

$$s = \{A/x, B/y\}$$

因为

$$P[x, f(y), B]s = P[x, f(B), B]s = P[A, f(B), B]$$

即 $s$ 使表达式成为单一形式:

$$P[A, f(B), B]$$

因此,称 $s=\{A/x, B/y\}$是$\{P[x, f(y), B], P[x, f(B), B]\}$的一个合一者,但它不是最简单的合一者,最简单的合一者为 $g=\{B/y\}$。

通过置换最少的变量以使表达式一致，这个置换就叫作最一般合一（most general unifier，MGU）。

#### 7.3.2.4　归结原理

罗宾逊归结原理（Robinson resolution principle）又称消解原理，由美国数学家罗宾逊（J. A. Robinson）于1965年提出。其基本出发点为要证明一个命题为真都可以通过证明其否命题为假来得到，并将多样的推理规则简化为一个，也就是归结（消解）。

归结是一种可用于一定子句公式的重要推理规则。子句定义为由文字的析取$\vee$组成的公式，其中，一个原子公式和原子公式的否定都叫作文字。当归结可用时，归结过程被应用于母句子体对，以产生一个导出子句。例如，如果存在某个公理$E_1 \vee E_2$和另一公理$\neg E_2 \vee E_3$，那么$E_1 \vee E_3$在逻辑上成立，这就是归结。其中，称$E_1 \vee E_3$为$E_1 \vee E_2$和$\neg E_2 \vee E_3$的归结式（resolvents）。

归结原理的基本方法主要包括以下两步：

① 检查子句集$S$中是否包含空子句NIL，若包含，则$S$不可满足。

② 若不包含，就在子句集中选择合适的子句进行归结，一旦通过归结得到空子句NIL，就说明子句集$S$不可满足。

归结原理又分为命题逻辑中的归结原理和谓词逻辑中的归结原理，以下从这两个方面进行详细阐述。

（1）命题逻辑中的归结原理

设$C_1$与$C_2$是命题逻辑子句集中的任意两个子句，如果$C_1$中的文字$L_1$与$C_2$中的文字$L_2$互补，那么从$C_1$与$C_2$中分别消去$L_1$和$L_2$，并将两个子句中余下的部分析取以构成一个新子句$C_{12}$，这一过程称为归结。$C_{12}$称为$C_1$与$C_2$的归结式，$C_1$与$C_2$称为$C_{12}$的亲本子句，归结式为：

$$C_{12} = (C_1 - \{L_1\}) \vee (C_2 - \{L_2\})$$

**定理7-1**　归结式$C_{12}$是其亲本子句$C_1$和$C_2$的逻辑结论。

**推论7-1**　设$C_1$与$C_2$是子句集$S$中的两个子句，$C_{12}$是它们的归结式，若用$C_{12}$代替$C_1$与$C_2$后得到新子句集$S_1$，则由$S_1$不可满足性可推出原子句集$S$的不可满足性，即

$$S_1 \text{不可满足} \Rightarrow S \text{不可满足}$$

**推论7-2**　设$C_1$与$C_2$是子句集$S$中的两个子句，$C_{12}$是它们的归结式，若把$C_{12}$加入原子句集$S$中，得到新子句集$S_2$，则$S$与$S_2$在不可满足的意义上是等价的，即

$$S_2 \text{的不可满足性} \Leftrightarrow S \text{的不可满足性}$$

（2）谓词逻辑中的归结原理

在谓词逻辑中，由于子句中含有变元，因此不像命题逻辑那样可以直接消去互补文字，而需要先用最一般合一对变元进行代换，才能进行归结。

**定义7-1**　设$C_1$与$C_2$是两个没有相同变元的子句，$L_1$与$L_2$分别是$C_1$与$C_2$中的两个文字，若集合$\{L_1, \neg L_2\}$存在最一般合一置换$\sigma$，则子句

$$C_{12} = (C_1\sigma - \{L_1\sigma\}) \vee (C_2\sigma - \{L_2\sigma\})$$

称为$C_1$和$C_2$的二元归结式。$L_1$和$L_2$称为被归结的文字。

**定义7-2**　子句$C_1$和$C_2$的归结式也是下列二元归结式之一：

① $C_1$ 和 $C_2$ 的二元归结式。

② $C_1$ 的因子 $C_1\sigma_1$ 和 $C_2$ 的二元归结式。

③ $C_1$ 和 $C_2$ 的因子 $C_2\sigma_2$ 的二元归结式。

④ $C_1$ 的因子 $C_1\sigma_1$ 和 $C_2$ 的因子 $C_2\sigma_2$ 的二元归结式。

归结反演是仅有一条推理规则的问题求解方法，为证明$\neg A \rightarrow B$，其中 $A$、$B$ 是谓词公式，使用反演过程，先建立合式公式：

$$G = A \wedge \neg B$$

进而得到相应的子句集 $S$，只需证明 $S$ 是不可满足的即可。

### 7.3.3 不确定性推理

不确定性推理是建立在非经典逻辑上的一种推理方式，是对不确定性知识的运用与处理。从不确定性初始证据出发，不确定性推理是通过运用不确定性知识，最终推出具有一定程度不确定性但却合理或者近乎合理结论的思维过程。日常生活中含有大量的不确定信息，专家系统中也存在大量的领域知识和专家经验，不可避免地包含各种不确定性，因此必须研究不确定推理。

#### 7.3.3.1 基本概念

不确定性推理的基本问题包括以下三个：

(1) 表示问题。即采用什么方法来描述不确定性，一般有数值表示和非数值的语义表示两种方法。

(2) 计算问题。主要指不确定性的传播和更新，即获得新信息的过程，主要包括：

① 已知 $C(A)$，$A \rightarrow B$，$F(B,A)$，如何计算 $C(B)$。

② 已知 $C_1(A)$，$C_2(A)$，如何确定 $C(A)$。

③ 由 $C(A_1)$，$C(A_2)$，如何计算 $C(A_1 \wedge A_2)$，$C(A_1 \vee A_2)$。

(3) 语义问题。指上述表示和计算的含义是什么，如何进行解释。

#### 7.3.3.2 方法分类

1. 形式化方法

形式化方法在推理级别上扩展确定性方法，包括逻辑方法、新计算方法和新概率方法。逻辑方法是指非数值方法，采用多值逻辑、非单调逻辑来处理不确定性。新计算方法认为概率方法不足以描述不确定性，从而出现了确定性理论、确定性因子、模糊逻辑方法等。新概率方法试图在传统概率框架内，采用新的计算工具以确定不确定性描述。

2. 非形式化方法

非形式化方法在控制级别上处理不确定性，如制导回溯、启发式搜索等。

#### 7.3.3.3 可信度方法

可信度方法是由肖特利夫(E. H. Shortliffe)等人在确定性理论(theory of confirmation)的基础上，结合概率论和模糊集合论等方法提出的一种不确定性推理方法。该方法于 1976 年首次在专家系统 MYCIN 中得到了成功应用，是不确定性推理方法中应用最早且最简单有效的方法之一。

人们在实际生活中根据经验或观察对某一事件或现象为真的相信程度称为可信度。可信度也称为确定性因子。下面分别从事实表示、规则表示、逻辑运算、规则运算和规则合成来介绍可信度方法。

1. 事实的表示

事实 $A$ 为真的可信度用 CF($A$)表示，取值范围为[－1,1]。

① CF($A$)＝1,$A$ 肯定为真。

② CF($A$)＝－1,$A$ 为真的可信度为－1,也就是 $A$ 肯定为假。

③ CF($A$)＞0,$A$ 以一定的可信度 CF($A$)为真。

④ CF($A$)＜0,$A$ 以一定的可信度[－CF($A$)]为假。

⑤ CF($A$)＝0,对 $A$ 一无所知。

在实际使用时一般会给出绝对值比较小的一个区间，只要在这个区间就表示对 $A$ 一无所知，一般取 CF($A$)∈[－0.2,0.2]。

2. 规则的表示

IF $A$ THEN $B$ CF($B$,$A$)

① A 是规则的前提，可以是复合条件。

② B 是规则的结论。

③ CF($B$,A)是规则的可信度，又称规则的强度，表示当前提 $A$ 为真时，结论 $B$ 为真的可信度。

例如：

IF　阴天　THEN　下雨　0.7

表示如果阴天，则下雨的可信度为0.7。

同样，规则的可信度 CF($B$,$A$)取值范围也是[－1,1]，取值大于0表示规则的前提和结论正相关，取值小于0表示规则的前提和结论负相关，即前提越是成立结论越是不成立。

一条规则的可信度可以理解为当前提肯定为真时，结论为真的可信度。

例如：

IF　晴天　THEN　下雨　－0.7

表示如果晴天，则下雨的可信度为－0.7，即如果晴天，则不下雨的可信度为0.7。

若规则的可信度 CF($B$,A)＝0，则表示规则的前提和结论之间没有任何相关性。

例如：

IF　上班　THEN　下雨　0

表示上班和下雨之间没有任何联系。

3. 逻辑运算

规则前提可以是复合条件，复合条件可以通过逻辑运算表示。常用的逻辑运算有与、或、非三种。

例如：

IF　阴天　AND　湿度大　　THEN　下雨　0.6

表示如果阴天且湿度大，则下雨的可信度为0.6。

在可信度方法中，具有可信度的逻辑运算规则为：

① $A$ AND $B$ 的可信度等于 CF($A$)和 CF($B$)中小的一个，即

$$\mathrm{CF}(A\ \mathrm{AND}\ B)=\min\{\mathrm{CF}(A),\mathrm{CF}(B)\}$$

② $A$ OR $B$ 的可信度等于 CF($A$)和 CF($B$)中大的一个,即

$$CF(A \text{ OR } B)=\max\{CF(A),CF(B)\}$$

③ NOT $A$ 的可信度等于 $A$ 的可信度的相反值:

$$CF(\text{NOT } A)=-CF(A)$$

4. 规则运算

在可信度方法中,规则运算如下。

已知:

$$\text{IF } A \text{ THEN } B \text{ CF}(B,A) \text{和 CF}(A)$$

则:

$$CF(B)=\max\{0,CF(A)\}\times CF(B,A)$$

当规则前提为真才能推出规则结论,前提为真则 CF($A$)必须大于 0;CF($A$)<0 的规则前提不成立,不能从该规则推导出任何与结论 $B$ 有关的信息。在可信度规则运算中,通过 max{0,CF($A$)}筛选出前提为真的规则,并通过规则前提可信度 CF($A$)与规则可信度 CF($B$,$A$)相乘得到规则结论 $B$ 的可信度 CF($B$)。

5. 规则合成

通常得到同一结论的规则可能不止一条,也就是可以从多条规则得出同一结论,但是从不同规则得到同一结论的可信度可能并不相同。

在可信度方法中,假设从规则 1 得到 CF1($B$),从规则 2 得到 CF2($B$),合成后有:

① 当 CF1($B$)、CF2($B$)均大于 0 时:

$$CF(B)=CF1(B)+CF2(B)-CF1(B)\times CF2(B)$$

② 当 CF1($B$)、CF2($B$)均小于 0 时:

$$CF(B)=CF1(B)+CF2(B)+CF1(B)\times CF2(B)$$

③ 其他情况下:

$$CF(B)=CF1(B)+CF2(B)$$

如果进行三条及三条以上规则的合成,可使用两条规则先合成一条,再与第三条规则进行合成。以此类推,实现多条规则的合成。

## 7.4 专家系统

经历了人工智能初期阶段的研究失败,学者们逐渐认识到知识的重要性。一个专家之所以能够很好地解决本领域问题,就是因为他具有本领域的专业知识。如果能将专家知识总结出来,以计算机可以使用的形式加以表达,那么计算机系统是否就可以利用这些知识,像专家一样解决特定领域的问题呢?这就是研究专家系统的初衷。

### 7.4.1 专家系统的内涵

专家系统是一个智能计算机程序系统,其内部含有大量的某个领域专家水平的知识与经验,能够利用人类专家的知识和解决问题的方法来处理该领域的问题。专家系统的基本功能取决于它所含有的知识,因此,有时也把专家系统称为基于知识的系统。

专家系统拥有启发性、透明性和灵活性三个特点。启发性是指专家系统要解决的问题，其结构往往是不合理的，求解问题所需的知识不仅包括理论知识和常识，还包括专家本人的启发知识。透明性是指问题求解过程中知识应用的合理性可由检验专家系统的解释推理路径来验证。灵活性是指专家系统的扩展和丰富知识库的能力，以及改善非编程状态下的系统性能，即自学习能力。

专家系统拥有众多优点：① 可以高效率、准确、周到、迅速和不知疲倦地工作；② 解决实际问题时不受周围环境影响，也不会出现遗漏和遗忘；③ 可以使专家的专长不受时间和空间限制，更好地推广珍贵和稀缺的专家知识与经验；④ 促进各领域发展，使各领域专家的专业知识和经验得到总结和精炼，能广泛有力地传播专家的知识和经验；⑤ 汇集多领域专家的知识和经验以及他们协作解决重大问题的能力，拥有更渊博的知识、更丰富的经验和更强的工作能力。因此，专家系统对人工智能各个领域的发展起了很大的促进作用，并对科技、经济、国防、教育、社会和人民生活产生了极其深远的影响。

## 7.4.2 专家系统的结构

专家系统结构是指专家系统的各个组成部分及其组织形式。如图7-4所示，专家系统主要包括知识库、综合数据库、推理机、解释器、接口等5部分。

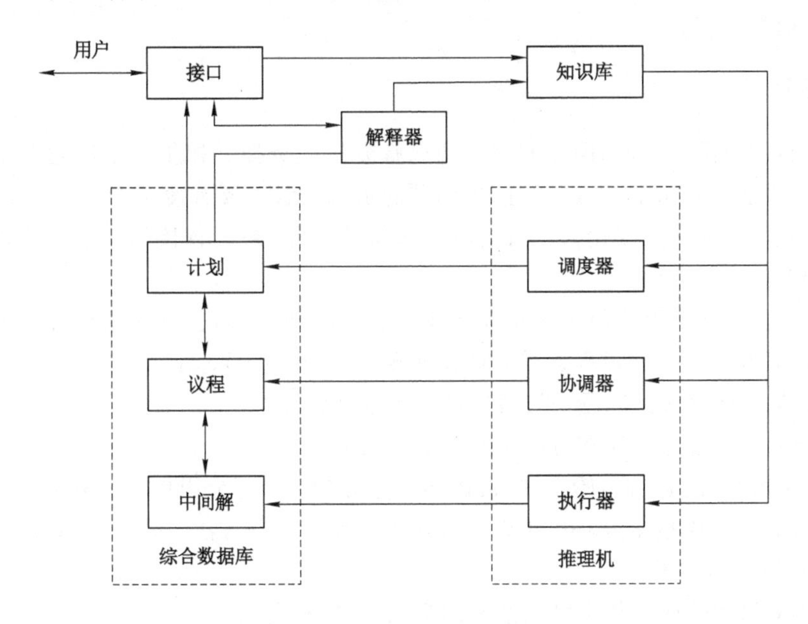


图7-4 专家系统的一般结构

知识库用于存储相关领域专家系统的专业知识，包括事实、可行操作和规则。

综合数据库，也称为黑板、全局数据库、主数据库，用于存储有关问题求解的初始数据和推理过程中获得的中间数据(信息)等，即被处理对象的一些当前事实。

推理机是用于记忆所采用的规则和控制策略的程序，它可以使整个专家系统以合逻辑的和协调的方式工作。推理机根据知识推理得出结论，而不是简单地寻找现成的答案。

解释器用于向用户解释专家系统的行为，包括解释推理结论的正确性以及系统输出其他候选解决方案的原因。

接口，也称为界面，是系统与用户进行交流的窗口，用户通过接口能够输入必要的数据，提出问题，专家系统通过接口向用户提供必要的解释，使用户理解推理过程和结果。

# 7.5 搜索算法

知识表示方法是问题求解所必要的，表示问题是为了进一步解决问题，从问题表示到问题解决的求解过程，也称为搜索过程。在这一过程中，可以采用适当的搜索技术，包括各种规则、过程和算法等，力求找到问题的解答。

1974 年，尼尔森(N. J. Nilsson)归纳出人工智能研究的基本问题，即

① 知识的模型化和表示；

② 常识性推理、演绎和问题解决；

③ 启发式搜索；

④ 人工智能系统和语言。

因此，搜索是人工智能中的一个基本问题，是推理不可分割的一部分，直接关系智能系统的性能和运行效率。

## 7.5.1 概述

问题求解涉及两个方面，问题的表示和求解方法的选择。如果一个问题找不到合适的表示方法，就没法对它求解。人工智能中问题的求解方法主要有搜索法、归约法、归结法、推理法及产生式等。大多数要用人工智能方法求解的问题，缺乏直接的求解方法，因此，搜索成为求解问题的一般方法。

搜索定义为根据问题实际情况不断寻找可利用的知识，构造出一条代价较少的推理路线，使问题得到圆满解决的过程。其具体要实现两个方面的要求：

① 找到从初始事实到问题最终答案的一条推理路径。

② 找到的这条推理路径在时间和空间上复杂度最小。

在问题求解中，问题由初始条件、目标和操作集合三个部分组成。搜索策略是以状态空间为知识表示方法，以搜索算法思想引导并获得知识的一种方法，是一种演绎推理方法。因此，搜索策略的具体步骤包括：

① 首先将问题转换为某个可供搜索的空间，即搜索空间。

② 然后采用某种方法或策略在搜索空间内寻找一条搜索路径(路径或求解)。

③ 最终得到一条路径，终点称为解。

搜索策略的评价准则包括完备性、时间复杂性、空间复杂性和最优性。完备性指如果存在一个解，该策略是否保证能够找到。时间复杂性指找到解所需的时间。空间复杂性指执行搜索需要的存储空间。最优性指如果存在几个不同的解，该策略是否可以发现质量最优的解。

## 7.5.2 图搜索策略

图搜索策略(graph search strategy)是一种在图中寻找解路径的方法。图中每个节点

对应一个状态，每条连线对应一个操作符。这些节点和连线(即状态与操作符)又分别由产生式系统的数据库和规则来标记。初始节点代表初始数据库，目标节点代表满足终止条件的目标数据库。求得把一个数据库变换为另一数据库的规则序列问题就等价于求得图中的一条路径问题。

图搜索策略除了自身的状态信息以外，还必须记住从目标返回的路径。此外图搜索策略除了图以外还需 2 个辅助数据结构：OPEN 表和 CLOSED 表。OPEN 表用于记录已访问但未扩展的节点，即下一步还可以走哪些点。CLOSED 表用于记录已经扩展的节点，即哪些点已经走过了。

图搜索策略中的状态空间图表示的整个搜索空间是一个逻辑概念，在搜索进行前是不存在的，即是隐式的。所以，搜索过程实际是从隐式的状态空间图中不断生成显式的搜索图 G 和一个 G 的子集搜索树 T，搜索树 T 上的每个节点也在搜索图 G 上，并最终找到路径的过程。图搜索策略主要包括盲目搜索(无信息搜索)和启发式搜索(有信息搜索)两种，接下来将详细介绍这两种图搜索策略。

#### 7.5.2.1　盲目搜索

盲目搜索也称为无信息搜索，即只按预定的控制策略进行搜索，在搜索过程中获得的中间信息不被用来改进控制策略。由于盲目搜索总是按预定的路线进行，没有考虑问题本身的特性，所以这种搜索具有很大的盲目性，效率不高，不便于复杂问题的求解。总结来说，盲目搜索的特点是没有先验知识，不需重排 OPEN 表。

盲目搜索的种类包括深度优先搜索(depth-first search，DFS)、宽/广度优先搜索(breadth-first search，BFS)、等代价搜索(uniform-cost search，UCS)

1. 深度优先搜索

深度优先搜索首先扩展最新产生的(即最深的)节点，深度相等的节点可以任意排列，其中，起始节点(即根节点)的深度为 0，任何其他节点的深度等于其父节点的深度加 1。特别需要注意的是，为了防止搜索沿着无益的路径扩展下去，往往在搜索过程中会给出一个节点扩展的最大深度，即深度界限。对于任一节点，每次搜索都将其扩展的后继节点放在 OPEN 表的前端，如果达到了深度界限，那么就做没有后继节点来处理。

针对不同问题的深度优先搜索，其程序结构都相同，不相同的仅是存储节点的数据结构和产生规则以及输出要求。当搜索深度较小、问题递归方式较明显时，可以使用递归方法来设计深度优先搜索，当搜索深度较大时采用非递归方法来设计深度优先搜索。广义理解是，只要最新产生节点(即最深节点)先进行扩展的方法就是深度优先搜索。此时深度优先搜索有全部保留(图搜索算法)和不全部保留(回溯算法)产生的节点两种。由于不全部保留节点的深度优先搜索把扩展后的节点从数据库中弹出删除，这样数据库中存储的就是深度值，占用的空间较少。深度优先搜索找到的第一个解并不一定是最优解。

2. 宽/广度优先搜索

宽/广度优先搜索是以接近起始节点的程度逐层扩展节点的搜索方法。这种搜索是逐层进行的，在对下一层的任一节点进行搜索之前，必须搜索完本层的所有节点。因此，这是一种高代价搜索，但若有解存在则必能找到。宽/广度优先搜索将扩展的后继节点放在 OPEN 表的后端。

针对不同问题的宽/广度优先搜索，其程序结构都相同，不相同的仅是存储节点数据结构和产生规则以及输出要求。当节点到根节点的费用和节点深度成正比时，特别是当每一个节点到根节点的费用等于其深度时，用宽/广度优先搜索得到的解就是最优解；但如果不成正比，得到的解不一定是最优解。宽/广度优先搜索一般需要存储产生的所有节点，所占的存储空间比深度优先搜索大很多，因此程序设计中必须考虑溢出和节省内存空间的问题。宽/广度优先搜索一般无回溯操作，即入栈和出栈的操作，所以运行速度比深度优先搜索算法快一些。深度优先搜索与宽/广度优先搜索的特点对比如表 7-1 所示。

**表 7-1 深度优先搜索与宽/广度优先搜索的特点对比**

| 深度优先搜索 | 宽/广度优先搜索 |
| --- | --- |
| 竖向搜索<br>占用内存少<br>速度慢 | 横向搜索<br>占用内存多<br>速度快<br>距离和深度成正比时能求出最优解 |

3. 等代价搜索

等代价搜索是宽/广度优先搜索的推广，它不是沿着等长度路径逐层进行扩展的，而是沿着等代价路径逐层进行扩展的。搜索树中每条连接弧线上的相关代价，表示时间、距离等花费。等代价搜索是寻找从起始状态到目标状态具有最小代价的路径问题。若所有连接弧线具有相等代价，则简化为宽/广度优先搜索。

#### 7.5.2.2 启发式搜索

盲目搜索的效率低，搜索过程中耗费过多的计算空间与时间，可能会带来组合爆炸，因此需要找到一种用于排列待扩展节点顺序的方法，即选择最有希望的节点加以扩展，以提高搜索效率。通常情况下，能够通过检测来确定合理的顺序，而启发式搜索就是优先考虑这类检测的算法。总结来说，启发式搜索的特点是重排 OPEN 表，选择最有希望的节点加以扩展，启发式搜索的代表性算法是 A＊算法。

1. 启发性信息

启发性信息是用于指导搜索过程，且与具体问题有关的控制性信息，一般有以下三种：

① 有效帮助确定扩展节点的信息。

② 有效帮助决定哪些后继节点应被生成的信息。

③ 决定在扩展节点时哪些节点应从搜索树上删除的信息。

如果启发性信息的强度大，可以降低搜索工作量，但可能导致找不到最优解；如果强度小，则会导致工作量加大，极限情况下变为盲目搜索，但可能可以找到最优解。

2. 评估函数

评估函数是用于评价节点重要性的函数，记为 $f(x)$。其定义为从初始节点 $S_0$ 经过节点 $x$ 到达目标节点 $S_g$ 的最小代价路径的代价评估值，一般形式为：

$$f(x)=g(x)+h(x)$$

其中，$g(x)$表示从初始节点 $S_0$ 到节点 $x$ 已实际付出的代价；$h(x)$表示从节点 $x$ 到目标节点 $S_g$ 的最优路径估价代价。评估函数体现了问题的启发性信息，亦称为启发式函数，其作用是评估 OPEN 表中各节点的重要性，决定其次序。

3. A * 算法

A 算法在搜索的每一步都利用评估函数 $f(x)=g(x)+h(x)$，它从根节点开始对其子节点计算评估函数值，按照数值大小，选取花费小者向下扩展，直到最后得到目标节点。由于评估函数中带有问题自身的启发性信息，因此，A 算法是一种启发式搜索算法。A 算法虽然提高了算法效率，但不能保证找到最优解。

1968 年，哈特(P. E. Hart)对 A 算法进行了很小的修改，并证明了当估价函数满足一定的限制条件时，算法一定可以找到最优解。估价函数满足一定限制条件的算法称为 A * 算法。

**定义 7-3**　对启发式函数作一定限制，即对 $h(x)$ 设置一个 $h^*(x)$，如果 $h(x)$ 满足如下条件时：

$$h(x) \leqslant h^*(x)$$

问题有解，那么 A 算法就可得到一个代价较小的结果，这就是对 A 算法的改进，称为 A * 算法。

### 7.5.3　博弈搜索

博弈一向被认为是富有挑战性的智力活动，如下棋、打牌、作战、游戏等。博弈的研究不断为人工智能提出新的课题，可以说博弈是人工智能研究的起源和动力之一。博弈之所以是人们探索人工智能的一个很好领域，一方面博弈提供了一个可构造的任务领域，在这个领域中，具有明确的胜利和失败；另一方面博弈问题对人工智能研究提出了严峻的挑战，例如如何表示博弈问题的状态、博弈过程和博弈知识等。

在人工智能中可以采用搜索方法来求解博弈问题，博弈中两种最基本的搜索算法是极大极小搜索过程和 $\alpha$-$\beta$ 搜索过程。

极大极小搜索过程考虑双方对弈若干步之后，从可能的走法中选一步相对好的走法，即在有限的搜索深度范围内进行求解。

在极大极小搜索过程中首先生成一棵博弈搜索树，同时生成规定深度内的所有节点，然后再进行估值的倒推计算，这样使得生成博弈树和倒推计算估计值两个过程完全分离，因此搜索效率较低。而 $\alpha$-$\beta$ 搜索过程能在生成博弈树的同时进行估值的计算，不必生成规定深度内的所有节点，减少了搜索的次数。$\alpha$-$\beta$ 搜索过程就是把生成后继节点和倒推计算估计值结合起来，及时剪掉一些无用分枝，以此来提高算法的效率。

## 7.6　智能计算

智能计算是一种经验化的计算机思考程序，是人工智能体系的一个分支，是辅助人类处理各式各样问题的具有独立思考能力的系统。智能计算是信息科学与生命科学相互交叉的前沿领域，是现代科学技术发展的一个重要体现。智能计算中的代表性方法有模糊逻辑(fuzzy logic)、神经计算(neurocomputing)、进化算法(evolutionary algorithm)和群体智能(swarm intelligence，SI)。

## 7.6.1 模糊逻辑

### 7.6.1.1 概念

想要了解模糊逻辑，首先需要理解经典的布尔逻辑。布尔逻辑使用数值 1 和 0 分别代表是和非，布尔逻辑是计算机逻辑的基础。布尔逻辑赋予计算机自动判断和决策的能力，但该能力并不完美，因为判断与决策并不简单。布尔逻辑只能处理目标清晰的场景，例如编写一个"如果天气下雨就提醒我们出门带伞"这样的程序。但在实际应用中，我们决定带不带伞还会考虑雨水量和持续时间，那么这里就没有一个清晰的雨量门槛决定人是否带伞。模糊逻辑就是用来解决这样的分类和决策难题的。在模糊逻辑中，一个命题不再非真即假，它可以被认为是"部分的真"。模糊逻辑取消真假二值之间非此即彼的对立，用隶属度来表示二值之间的过渡状态。

### 7.6.1.2 隶属度函数

如何确定数值与隶属度的关系呢？这就要用到隶属度函数。模糊逻辑中的隶属度函数是用来描述一个事物或概念对于某个属性或特征的归属程度的函数。隶属度函数通常以数学形式表示，可以是一个数学函数、一个曲线或者一个图形。它描述了一个事物或概念在某个属性或特征上的归属程度，取值在 0 到 1 之间。通过隶属度函数，可以更好地理解模糊逻辑中的概念和推理过程，从而更好地处理模糊性质的信息和问题。

以上述下雨带伞的场景为例，在模糊逻辑中，雨水量的大小用隶属度来衡量。比如对于 15 mm 的降雨，小雨的隶属度为 0.6，中雨的隶属度为 0.3，大雨的隶属度为 0.1；对于 100 mm 的降雨，小雨的隶属度为 0，中雨的隶属度为 0.2，大雨的隶属度为 0.8。将逻辑的输入数值(降雨量)转化为各个集合(小雨、中雨、大雨)的隶属度的过程被称为模糊化。

## 7.6.2 神经计算

神经计算是一种模拟生物神经系统的计算模型，它是人工智能领域的重要组成部分。神经计算通过大量的人工神经元及其之间的连接模拟人脑的信息处理和学习能力，其发展源于对生物神经系统的研究，尤其是对人脑中神经元之间复杂互联和信号传递的理解。

### 7.6.2.1 人工神经网络

人类对于人工智能的研究可以分为从心理角度和从生理角度两种方式，分别对应两种不同的技术：

① 传统的人工智能技术；

② 基于人工神经网络(artificial neural network，ANN)的技术。

两者分别适用于认识和处理事物的不同方面，本节主要探究人工神经网络技术，它是根据人们对生物神经网络的研究成果设计出来的，由一系列的神经元及其相应的连接构成，用于模拟人脑神经元之间的信息传递和处理过程，具有良好的数学描述，不仅可以用适当的电子线路来实现，还可以方便地用计算机程序加以模拟。

人工神经网络分为单层神经网络和多层神经网络。单层神经网络只包含一个输入层和一个输出层，而多层神经网络则还包含一个或多个隐藏层。人工神经网络通过学习算法进行训练，从输入数据中学习适当的模式和规律。在训练过程中，神经网络通过不断地调整连接权重，将输出结果与实际结果之间的误差最小化。训练完成之后，人工神经网络可以用于预测、分类、识别等任务。

#### 7.6.2.2 感知器

感知器是一种最简单的人工神经网络模型，由美国心理学家罗森布拉特(F. Rosenblatt)于1957年提出，它由一个或多个输入节点、一个处理单元和一个输出节点组成。感知器的工作原理是输入信号经过加权求和后，通过激活函数进行处理，最终输出一个结果。感知器的学习规则是通过不断调整连接权重，使得输出结果逼近期望输出，这一过程可以通过简单的更新规则(如带有学习率的梯度下降算法)来实现。

感知器主要用于二分类问题，即将输入数据分为两类。然而，由于其单层结构的限制，感知器只能解决线性可分问题，无法解决非线性问题，从而在实际应用中受到限制。尽管感知器本身已经过时，但它是人工神经网络发展的重要里程碑，为后来更复杂的神经网络模型研究奠定了基础，激发了后续神经网络模型的研究和发展，如多层感知器(multilayer perceptron，MLP)、卷积神经网络(convolutional neural network，CNN)、递归神经网络(recursive neural network，RNN)等。

#### 7.6.2.3 BP神经网络

BP(back propagation，反向传播)神经网络是一种常见的人工神经网络模型。BP神经网络通常由输入层、若干个隐藏层和输出层组成。它是一种多层前馈神经网络，信号从输入层经过隐藏层的传递，最终到达输出层。BP神经网络的学习过程是通过反向传播算法来实现的。在训练过程中，首先将输入数据送入网络，然后将期望输出与输出层进行比较，计算输出层的误差，随后，将误差通过反向传播输入到隐藏层，通过调整连接权重，使得网络的输出逐渐接近期望输出。这个过程是通过梯度下降算法来实现的，即通过最小化损失函数来调整连接权重，以使得网络的输出误差最小化。

BP神经网络的优点是可以处理非线性问题，并且可以逼近任意复杂的函数。它在模式识别、预测分析、控制系统等领域有着广泛应用。然而，BP神经网络也存在一些不足，比如容易陷入局部最优解、对初始权重和学习率敏感等问题。为了解决这些问题，专家学者们提出了各种改进的算法和结构，如改进的梯度下降算法、正则化技术、自适应学习率等。

### 7.6.3 进化算法

进化算法是模仿生物遗传学和自然选择机理，并通过人工方式所构造的一类优化搜索算法，是对生物进化过程进行的一种数学仿真，是进化计算最重要的形式。进化算法为那些难以找到传统数学模型的难题提供了解决方法。由于进化计算借鉴了生物科学中的某些知识，所以也体现了人工智能这一交叉学科的特点。

20世纪50年代，已有专家学者开始意识到达尔文进化论可用于求解复杂问题。20世纪60年代，美国密歇根大学的霍兰(J. H. Holland)提出了遗传算法(genetic algorithm，GA)，德容(K. A. De Jong)率先将遗传算法应用于函数优化。20世纪60年代中期，福格尔(L. J. Fogel)等美国学者提出了进化编程(evolutional programming，EP)。同一时期，德国学者Ingo Rechenberg和Hans-Paul Schwefel开始研究进化策略(evolutional strategy，ES)。20世纪90年代早期，进化算法又增加一名新成员——遗传编程(genetic programming，

GP)，由美国斯坦福大学科扎(J. R. Koza)创立。遗传算法、进化编程、进化策略和遗传编程是进化算法的4大经典范例，为求解优化问题提供了新思路。

虽然这些概念内涵有一定差别，它们有各自不同的侧重点和不同的生物进化背景，强调了生物进化过程中的不同特性，但其本质上都是基于进化思想，都是鲁棒性较强的计算机算法，适应面较广，因此又统称它们为进化算法或进化计算。其中，遗传算法是进化算法中最具代表性的算法，广泛应用于自动控制、生产计划、图像处理、机器人等研究领域。表7-2列出了遗传算法与自然进化的比较。

**表7-2　遗传算法与自然进化的比较**

| 自然进化 | 遗传算法 |
|---|---|
| 染色体 | 字符串 |
| 基因 | 字符、特征 |
| 等位基因 | 特征值 |
| 染色体位置 | 字符串位置 |
| 基因型 | 结构 |
| 表型 | 参数集、译码结构 |

遗传算法的基本步骤为：

(1) 随机产生一个由固定长度位串组成的初始种群。

(2) 执行下述步骤逐代演化，直到选中标准被满足为止。

① 评估种群中个体串的适应度。

② 应用下述三种操作(或至少前两种)产生新种群。

a. 复制：把现有个体串复制到新种群中。

b. 交叉：通过随机选择、遗传重组两个现有个体串，产生新个体串。

c. 变异：将现有个体串中某一位字符随机变异。

(3) 把后代中出现最高适应度值的个体串指定为遗传算法的运行结果，这一结果可以是问题的解或近似解。

### 7.6.4　群体智能

群体智能是无智能个体通过合作表现出智能行为的特性，在没有集中控制且不提供全局模型前提下，为复杂问题的求解提供了思路。群体智能已经成为有别于传统人工智能中连接主义和符号主义的一种新的关于智能的描述方法。已有群体智能理论和应用研究证明群体智能方法是一种能够有效解决大多数优化问题的新方法。

群体智能的特点包括：① 分布式，能够适应当前网络环境下的工作状态；② 鲁棒性，没有中心控制与数据，个体故障不影响整个问题的求解；③ 扩充性，个体增加，系统通信开销增幅较小；④ 简单性，个体简单，实现也比较简单。

群体智能的代表性算法有蚁群算法(ant colony algorithm，ACA)和粒子群优化算法(particle swarm optimization algorithm，PSOA)。

#### 7.6.4.1 蚁群算法

蚁群算法由意大利学者多里戈(M. Dorigo)于1992年在他的博士论文中首次提出,其灵感来源于蚂蚁在寻找食物过程中标记路径的行为,是一种可以用来在图中寻找优化路径的算法。

1. 基本原理

蚂蚁在觅食过程中会在经过的路上留下一种称之为信息素的物质,并能够感知这些物质的强度,作为指导自己觅食的方向。蚁群是朝着信息素强度高的方向移动的,因此大量蚂蚁组成的集体觅食就表现为一种对信息素正反馈的现象。某一条路径越短,路径上经过的蚂蚁越多,其信息素遗留的也就越多,信息素的浓度也就越高,蚂蚁选择这条路径的概率也就越大,由此构成了正反馈过程,从而逼近了最优路径,找到最优路径。

2. 蚁群算法特点

① 分布式计算。每只蚂蚁的搜索过程彼此独立,仅通过信息素进行通信。所以蚁群算法可以看作一个分布式的多智能群体系统,它在问题空间的多点同时开始进行独立的解搜索,不仅增加了算法的可靠性,也使得算法具有较强的全局搜索能力。

② 鲁棒性强。相对于其他算法,蚁群算法对初始路线的要求不高,即求解结果不依赖于初始线路的选择,且在搜索过程中不需要进行人工调整。同时,蚁群算法的参数数目少,设置简单,易于应用到其他组合优化问题的求解过程中。

③ 正反馈机制。从真实蚂蚁的觅食过程中不难看出,蚂蚁能够最终找到最短路径,直接依赖于最短路径上信息素的堆积,信息激素的堆积是一个正反馈的过程,正反馈机制使得算法演化过程得以进行。

3. 蚁群算法的缺陷

① 收敛速度慢。蚁群算法中信息素初值相同,选择下一个节点时倾向于随机选择。虽然随机选择能探索更大的任务空间,有助于找到潜在的全局最优解,但是需要较长时间才能发挥正反馈的作用,导致算法初期收敛速度较慢。

② 难以跳出局部最优。在信息素更新时,蚁群算法在较优解经过的路径上留下更多的信息素,更多的信息素又吸引了更多的蚂蚁,这个正反馈的过程迅速地扩大初始的差异,引导整个系统向最优解的方向进化。虽然正反馈使算法具有较好的收敛速度,但是如果算法最开始得到的较优解就为次优解,那么正反馈会使次优解很快占据优势,使算法陷入局部最优,且难以跳出局部最优。

#### 7.6.4.2 粒子群优化算法

1995年,美国普渡大学的埃伯哈特(R. C. Eberhart)和肯尼(J. Kenney)提出了粒子群优化算法,粒子群优化算法源于对鸟群捕食行为的研究。该算法最初受到飞鸟集群活动的规律性启发,进而利用群体智能建立的一个简化模型。粒子群优化算法在对动物集群活动行为观察的基础上,利用群体中的个体对信息的共享使整个群体的运动在问题求解空间中产生从无序到有序的演化过程,从而获得最优解。该算法的优点是简单易于实现,需要调整的参数相对较少。

1. 基本原理

粒子群优化算法将每只鸟抽象为一个无质量、无体积的"粒子"。每个粒子的速度决定它们的飞行方向和距离,初始值可随机确定。用每个粒子的适应度模拟每只鸟与食物的距离。每一次单位时间飞行后,所有粒子分享信息,然后飞向自身最佳位置和全局或邻域最优位置的加权中心。

2. 粒子的作用

在每个时间步长中,粒子必须移动到新位置。它通过调整速度来进行移动。计算出新速度后,其位置就是旧位置加上新速度。

3. PSO 算法分类

① 个体最佳(individual best)PSO 算法。每个个体只把它当前位置与自己最佳位置相比较,而不使用其他粒子信息。

② 全局最佳(global best)PSO 算法。每个粒子移动的社会知识不仅包括全群中选出的最佳粒子位置,还运用先前已发现最好解的历史经验。

③ 局部最佳(local best)PSO 算法。每个粒子只与它的 $n$ 个中间邻近粒子通信,粒子受它们邻域的最佳位置和自己过去经验的影响。

# 第 8 章　机器学习基础

学习是人类获取知识的重要途径和人类智能的重要标志，而机器学习则是机器获取知识的重要途径和机器智能的重要标志。机器学习同时又是一门多领域交叉学科，涉及概率论、统计学、逼近论、凸分析、算法复杂度理论等多门学科。因此，机器学习一直是人工智能研究的核心课题之一，其理论和方法已被广泛应用于解决工程实践和科学领域的复杂问题。

本章重点介绍机器学习的有关概念和一些重要的机器学习方法。

本章学习目标与要求：

(1) 了解机器学习的发展历程。

(2) 掌握机器学习的相关概念。

(3) 了解机器学习算法的分类。

(4) 了解监督学习、非监督学习、弱监督学习的基本概念及其常用算法。

(5) 掌握机器学习的流程。

(6) 掌握机器学习模型性能评估指标。

## 8.1　机器学习概述

### 8.1.1　概述

机器学习(machine learning，ML)通常指一类问题以及解决这类问题的方法，它关注的是如何从有限观测数据中自动学习并推导出一般性规律，从而对未知或无法观测的数据进行预测和决策。当经验以数据形式存储，研究算法使得计算机可以从经验数据中学习，学习到的结果可以对新情况进行自动分析和决策，这就是机器学习。机器学习的核心目标是让计算机能够通过学习数据并改进自身的表现，而无须显式地编程。通过机器学习，计算机可以识别和理解数据中的模式，并根据这些模式进行预测、分类、聚类和决策等任务。

机器学习是一门人工智能的科学，该领域的主要研究对象是人工智能，特别是如何在经验学习中改善具体算法的性能；机器学习是对能通过经验积累自动改进的计算机算法的研究；是用数据或以往经验来优化计算机程序的性能标准。

机器学习的研究目标是：

① 发展各种学习理论，探讨各种可能的学习方法和算法；

② 建立模拟人类学习过程的学习模型，探讨人的学习机制及本质；

③ 建立各种能在工作中不断完善自己性能和知识库的智能学习系统。

机器学习与传统编程的区别在于，机器学习更强调从数据中学习和自动调整行为。其关键是让计算机通过训练数据来学习模型，并使用该模型进行预测、分类和聚类等任务。

### 8.1.2 发展历程

机器学习是人工智能研究发展到一定阶段的必然产物。在人工智能研究的早期，即“推理期”，人们以为只要赋予机器逻辑推理能力，机器就能具有智能。当时的研究主要集中于逻辑推理能力，如“逻辑理论家”程序和通用问题求解程序等。然而，随着研究深入，人们逐渐认识到仅仅具备逻辑推理能力不足以实现人工智能。于是，人工智能研究进入了“知识期”，研究者开始专注于构建专家系统使机器拥有知识。然而，专家系统面临知识工程瓶颈，即人工总结知识并教给计算机的困难。因此，研究者开始思考机器自主学习的问题，人工智能研究进入了“学习期”。在这一阶段，机器学习使得机器能够从数据中学习知识，摆脱了对人工总结知识的依赖，机器学习成为实现人工智能的重要方法。

机器学习的发展不是一蹴而就的。1949 年，赫布(D. O. Hebb)提出了基于神经心理学的学习机制，由此开启了机器学习的第一步；1950 年，图灵在关于图灵测试的文章中提到了机器学习的可能。随后，在 20 世纪 50～60 年代，早期的符号学习方法开始出现。然而，直到 20 世纪 80～90 年代，统计机器学习才开始受到广泛关注。在这个阶段，研究者们开始关注基于统计模型和概率论的学习方法。朴素贝叶斯分类、决策树和支持向量机等算法成为统计机器学习的代表。随着大数据技术的发展和计算机计算能力的不断提升，以及深度学习的兴起，机器学习取得了巨大的发展。深度学习通过构建多层神经网络，使机器能够从大规模数据集中学习和提取复杂的特征，进一步推动了统计机器学习的发展。深度学习以构建多层神经网络为基础，通过模拟人脑神经元的工作原理实现机器的学习和决策能力。需要注意的是，其涉及的模型复杂度非常高，而且缺乏严格的理论基础，应用范围有限。

### 8.1.3 机器学习的基本概念

机器学习的基础是数据。机器学习之前，首先要有一些数据点或实例，这些数据点或实例称为样本，用来描述样本的属性或变量的数值、类别或其他类型的数据称为特征，每个样本所对应的输出或目标值称为标签。模型是机器学习的核心组件，它是用来学习和推断数据之间关系的算法或数学函数。学习算法则是用来训练模型的算法或方法，它们基于给定的训练数据，通过调整模型的参数或权重，使其能够更好地拟合数据。

机器学习模型中一般有两类参数，分别是参数和超参数。参数是指模型内部可调整的变量，即模型本身的参数，用于表示模型中的权重和偏差。这些参数是通过训练算法从训练数据中学习得到的，目的是使模型能够最好地拟合训练数据，如线性回归模型的参数就是线性方程中的斜率(权重)和截距(偏置)。超参数是指在模型训练之前需要手动设置的变量，用于控制模型的学习过程。例如，在神经网络模型中，学习率、批量大小、隐藏层节点数等都是超参数。超参数不能直接从训练数据中通过学习得到，而是需要通过试验不断调整来找到最佳的取值。超参数的选择对模型的性能和泛化能力有重要影响。

在监督学习中，我们会使用已知标签的训练样本集(即训练集)来训练模型，在这个过程中确定模型的权重和偏置等学习参数。验证集用来进行模型的选择和调优，它并不参与学习参数的确定，仅用来选择超参数，如迭代次数、$k$ 近邻算法中的 $k$ 值和决策树模型中树的深度等。测试集(包含未知标签样本的数据集)用来评估模型性能和泛化能力。训练集和测试集是互斥的，以确保在测试阶段模型未见过测试集中的样本。

可以用学生学习的例子来理解它们之间的区别。学生在学习的过程中,首先学习课本上的知识,课本上的知识就相当于训练集,被学生用来训练自己的学习模型;使用作业来练习,那么作业就是验证集,它包含一些已知答案的习题,学生可以将自己的答案与验证集中的答案进行比对,以此来评估自己的学习进展和准确性,从而查漏补缺;最后,需要通过考试来评估学生对知识的掌握程度,试卷就相当于测试集,它只被使用一次,其中的题目是在学习过程中未被学生使用过的。通过最终得分,可以评价学生学习模型的性能和对新题目的适用性。

过拟合和欠拟合都是机器学习中的常见问题,影响模型的泛化能力和性能。过拟合是指模型在训练集上表现很好,但在新数据上表现不佳;欠拟合则是指模型不能很好地拟合训练数据。图 8-1 给出了三种拟合情况的示例。

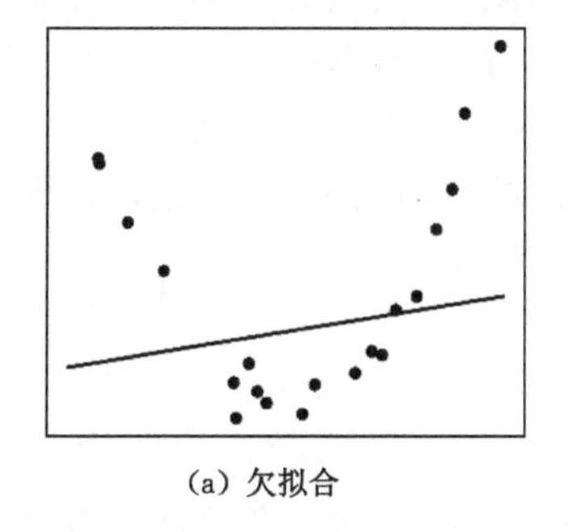
(a) 欠拟合

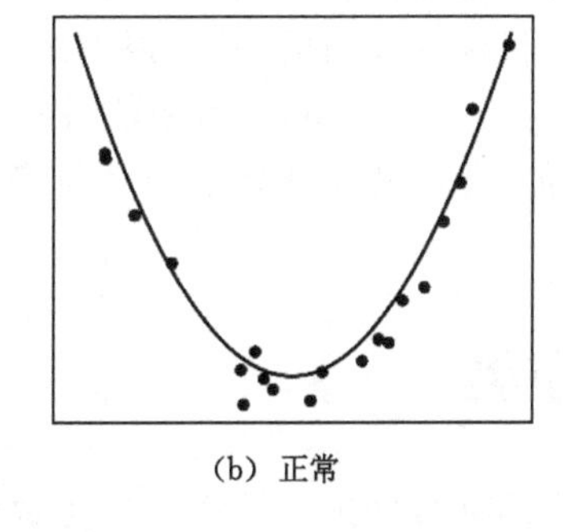
(b) 正常

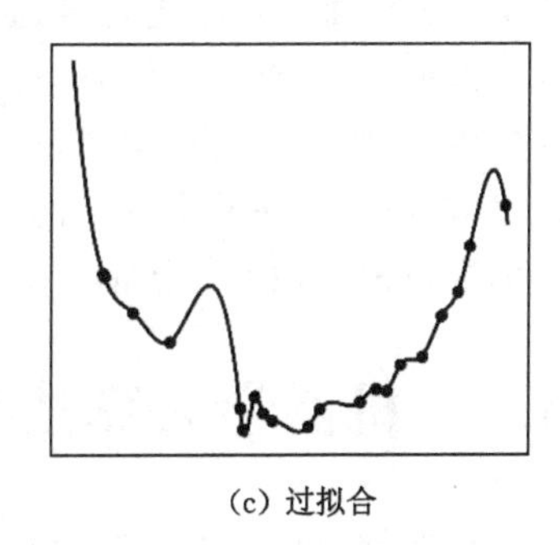
(c) 过拟合

图 8-1　三种拟合情况示例

### 8.1.4　机器学习的三个基本要素

机器学习可以粗略地认为由三个基本要素组成:模型、学习准则、优化算法。

1. 模型

如前所述,模型是用来学习和推断数据之间关系的算法或数学函数。模型可以是简单的线性模型,也可以是复杂的神经网络,它能够根据输入的特征来生成输出或预测。选择合适的模型对于解决特定的问题非常重要。

2. 学习准则

学习准则是机器学习中用来评估模型的性能和指导模型优化的准则,它要做的不仅是拟合训练集上的数据,还要使泛化错误最低。通常使用损失函数或目标函数来衡量模型的预测结果与真实值之间的差距,常用的损失函数有 0-1 损失函数、均方损失函数、对数损失函数、交叉熵损失函数和 Hinge 损失函数等。学习准则的选择取决于具体的问题和任务类型。例如,对于回归问题,常见的学习准则是均方误差;对于分类问题,常见的学习准则是交叉熵损失。

一个切实可行的学习准则应当找到一组参数,使训练集上的平均损失最小,或者说经验风险最小,这就是经验风险最小化(empirical risk minimization,ERM)准则。在训练模型的时候,使用的训练集往往是有限的,其中不可避免地包含一部分噪声数据,因此难以完全反映全部数据的真实分布。由于采用了经验风险最小化准则,如果训练数据较少或存在噪声,很容易出现模型过于贴近训练数据的分布,而与真实数据的分布差距较大的现象,从而出现模型过拟合问题。为了解决过拟合问题，一般会再引入参数的正则化（regularization）来限制模型能力，平衡经验风险最小化的程度，这种准则就是结构风险最小化（structure risk minimization，SRM）准则。

3. 优化算法

优化算法的目的是寻找最优的模型参数，包括参数和超参数。优化算法的选择和调优对于训练有效的模型至关重要。常见的优化方法有梯度下降法、随机梯度下降法、共轭梯度法、拟牛顿法、动量优化算法、自适应学习率优化算法和遗传算法等。在实际应用中，小批量随机梯度下降方法有收敛快、计算开销小的优点，因此逐渐成为大规模的机器学习中主要使用的优化算法。

为了充分利用凸优化中一些高效、成熟的优化方法，如共轭梯度法、拟牛顿法等，很多机器学习方法都倾向于选择合适的模型和损失函数以构造一个凸函数作为优化目标。但也有很多模型（比如神经网络）的优化目标是非凸的，只能退而求其次找到局部最优解。在优化算法中，也有一些可以解决过拟合问题的策略，如常用的“提前停止”策略。该策略在每次迭代时，监测模型在验证集上的性能，并在性能开始下降之前停止模型的训练，通常用错误率作为衡量模型性能的指标。

## 8.2 机器学习算法分类

机器学习算法可以按照不同的标准来进行分类。按函数的不同，机器学习算法可以分为线性模型和非线性模型；按照学习准则的不同，机器学习算法可以分为统计方法和非统计方法；按照学习中使用的推理方法的不同，机器学习可以分为记忆学习、传授学习、演绎学习、类比学习、归纳学习和联结学习等。但一般来说，我们会按照训练样本提供的信息以及反馈方式的不同，将机器学习算法分为有监督学习、无监督学习和弱监督学习，如表 8-1 所示。

**表 8-1 机器学习算法类型**

| 机器学习算法类型 | 有监督学习 | 无监督学习 | 弱监督学习 |
| --- | --- | --- | --- |
| 数据特征 | 全部数据具有标签 | 全部数据不具有标签 | 部分数据具有标签 |
| 处理过程 | 给定数据<br>预测标签 | 给定数据<br>寻找隐藏标签 | 综合利用数据<br>生成合适的分类函数 |
| 常见算法 | 线性回归<br>逻辑回归<br>$k$ 近邻算法<br>支持向量机<br>决策树<br>随机森林 | $k$ 均值聚类<br>层次聚类<br>主成分分析<br>DBSCAN | 半监督学习<br>迁移学习<br>强化学习 |

### 8.2.1 有监督学习

有监督学习（supervised learning，SL）又称为分类或归纳学习，这种方式类似人类的学习方式，从过去经验中获取知识来提高解决当前问题的能力。给定一组类别已知的样本数据集(有监督数据)，使用有监督学习方法可以确定一个分类函数，用于对类别未知的数据的所属类别进行预测。根据标签类型的不同，监督学习又可以分为回归(regression)和分类(classification)两类。回归问题中的标签 $y$ 是连续值(实数或连续整数)，特征 $x$ 与标签 $y$ 之间的关系 $f(x,\theta)$ 的输出也是连续值。而分类问题中的标签 $y$ 是离散值，分类问题中的模型也称为分类器(classifier)。常见的有监督学习算法有线性回归、逻辑回归、$k$ 近邻算法、支持向量机、决策树、随机森林等。

1. 线性回归

线性回归(linear regression)用于建立输入特征与连续型目标变量之间的线性关系。过程中根据已知数据集求线性函数，使其尽可能拟合数据，让损失函数最小。常见的线性回归算法包括普通最小二乘法(ordinary least squares)、岭回归(ridge regression)和最小绝对值收敛和选择算子(least absolute shrinkage and selection operator，LASSO)回归。线性回归简单且易于解释，对于大规模数据集具有较好的可扩展性。但是当自变量之间存在多重共线性的情况下，模型的结果可能不稳定。

2. 逻辑回归

逻辑回归(logistic regression)用于建立输入特征与离散型目标变量之间的概率关系，主要用于二分类或多分类问题。相比线性回归，逻辑回归多了 Sigmoid 函数(S 形函数或称 Logistic 函数)。常见的逻辑回归算法包括二元逻辑回归(binary logistic regression)、多元逻辑回归(multinomial logistic regression)和顺序逻辑回归(ordinal logistic regression)。逻辑回归的输出结果可以解释为样本属于某个类别的概率，逻辑回归无法很好地处理非线性决策边界问题。

3. $k$ 近邻算法

$k$ 近邻算法($k$-nearest neighbors，KNN)通过输入样本与训练数据中邻近样本之间的距离来进行分类。它是最简单的分类模型之一，适合多分类问题。该算法的思路是：给定测试样本，KNN 算法基于某种距离度量找出训练集中与其最靠近的 $k$ 个训练样本，然后基于这 $k$ 个“邻居”的信息来进行预测。通常，在分类任务中使用“投票法”，即选择这 $k$ 个样本中出现最多的类别标记作为预测结果；在回归任务中使用“平均法”，即将这 $k$ 个样本的实值输出标记的平均值作为预测结果；还可基于距离远近进行加权平均或加权投票，距离越近的样本权重越大。KNN 算法对少量训练样本和多类别分类问题效果比较好，可用于非线性决策边界问题。但是 KNN 算法的计算复杂度高，对于大规模数据集的处理效率较低，并且对异常值敏感，需要对数据进行预处理。

4. 支持向量机

分类学习最基本的思想就是基于给定训练样本集在样本空间中找到一个划分超平面，将不同类别的样本分开。对于一个超平面 $\boldsymbol{w}^{\mathrm{T}}x+b=0$，$\boldsymbol{w}$ 为法向量，决定超平面的方向，$b$ 为位移项，决定超平面与原点之间的距离。假设超平面$(w,b)$能够将训练样本正确分类，最靠近超平面的训练样本点被称为“支持向量”，这些样本点对于确定分类超平面的位置和方向起到关键作用。异类支持向量到超平面的距离之和被称为“间隔”，支持向量机(support vector machine，SVM)的学习策略就是间隔最大化。如图 8-2(a)所示，存在能将样本正确分类的多个划分超平面，但在间隔最大化的学习策略下，只有一个最优超平面。图 8-2(b)

中,实线表示的是最优划分超平面,落在虚线上的样本即为支持向量。

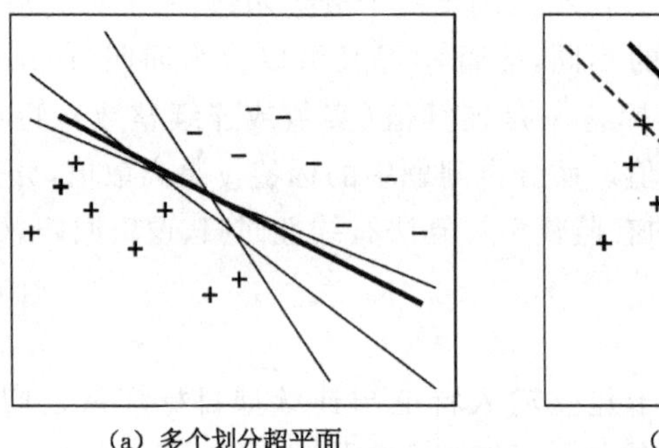
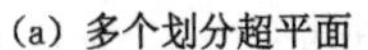
(a) 多个划分超平面

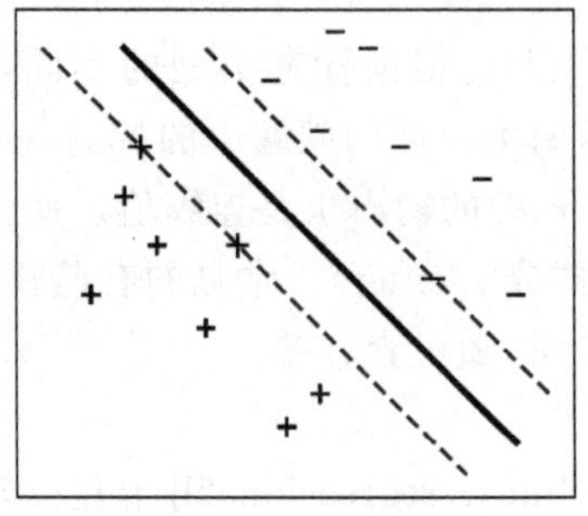
(b) 最优划分超平面

图 8-2 划分超平面

SVM 算法适用于二分类问题,可以处理线性和非线性问题,简化了常规的分类和回归问题。SVM 算法的最终决策函数只由少数的支持向量所确定,因此,其计算复杂度取决于支持向量的数目,而不是样本空间的维度,这使得它在高维空间中具有较好的分类性能。SVM 算法对大规模训练样本难以实施,因此,在实际应用中,其解决多分类问题的效果并不理想,并且 SVM 算法效果与核函数的选择关系很大。

5. 决策树

决策树(decision tree)是基于树结构来对数据进行分层处理和决策判断的,主要用于分类和回归任务。一般地,一棵决策树包含一个根节点、若干个内部节点和若干个叶节点。叶节点对应决策结果,其他每个节点则对应一个属性测试;每个节点包含的样本集合根据属性测试的结果被划分到子节点中;根节点包含样本全集,从根节点到每个叶节点的路径对应一个判定测试序列。决策树学习的目的是产生一棵泛化能力强,即处理未见示例能力强的决策树,其基本流程遵循简单且直观的"分而治之"策略。

决策树学习不需要准备大量数据,它可以处理离散型和连续型问题,对缺失值不敏感,并且可以处理多分类问题,易于理解和实现。但是在存在噪声的情况下,经典决策树性能会出现明显下降,也存在容易过拟合的问题,特别是在处理高维数据时。此外,决策树的泛化能力可能不如其他算法。为了改善决策树的性能,可以采用集成学习方法,如随机森林。

6. 随机森林

随机森林(random forest)是基于多个决策树构建的集成学习算法,它是 Bagging 算法(装袋算法)的一个扩展变体,适用于分类和回归问题。随机森林在以决策树为基础学习器构建 Bagging 集成的基础上,进一步在决策树的训练过程中引入了随机属性选择。具体来说,传统决策树在选择划分属性时在当前节点的属性集合(假定有 $d$ 个属性)中选择一个最优属性;而在随机森林中,对决策树的每个节点,先从该节点的属性集合中随机选择一个包含 $k$ 个属性的子集,然后再从这个子集中选择一个最优属性用于划分。随机森林简单、容易实现,计算开销小,处理高维数据和缺失值方面具有较好的鲁棒性,并且在很多现实任务中展现出强大的性能,被誉为"代表集成学习技术水平的方法"。随机森林的缺点是解释性较弱,不像单个决策树那样直观。

### 8.2.2　无监督学习

无监督学习(unsupervised learning)是指从不包含目标标签的训练样本中自动学习到一些有价值的信息的算法。如果监督学习是建立输入-输出之间的映射关系,无监督学习就是发现隐藏的数据中的有价值信息,包括有效的特征、类别、结构以及概率分布等。典型的无监督学习问题可以分为无监督特征学习、密度估计和聚类三种。

无监督特征学习(unsupervised feature learning)是从无标签的训练数据中挖掘有效的特征或表示的算法,一般用来进行降维、数据可视化或监督学习前期的数据预处理。

密度估计(density estimation)根据一组训练样本来估计样本空间的概率密度。密度估计可以分为参数密度估计和非参数密度估计。它们的区别是参数密度估计假设数据服从某个已知概率密度函数形式的分布,而非参数密度估计不提前假设数据服从某个已知分布,只利用训练样本对密度进行估计。

聚类(clustering)将一组样本根据一定的准则划分到不同的组(也称为集群)。聚类通用的准则是组内样本的相似性要高于组间样本的相似性。常见的聚类算法包括 $k$ 均值聚类算法、谱聚类等。

无监督学习方法包含三个基本要素:模型、学习准则和优化算法。无监督学习的准则非常多,如最大似然估计、最小重构误差等。在无监督特征学习中,经常使用的准则为最小重构错误,同时也经常对特征进行一些约束,比如独立性、非负性或稀释性等。而在密度估计中,经常采用最大似然估计来进行学习。常见的无监督学习算法包括 $k$ 均值聚类、层次聚类、基于密度的噪声应用空间聚类、主成分分析等,它们被广泛应用于聚类、密度估计、特征学习和降维等问题中。

1. $k$ 均值聚类

$k$ 均值聚类($k$-means clustering,k-means)是一种基于距离度量的聚类算法,也是最简单的聚类模型之一。$k$ 均值算法针对聚类所得的簇划分来最小化平方误差,它通过不断迭代将给定样本集的样本数据划分为 $k$ 个不同的簇,使得簇内的数据点相似度最高,其中,$k$ 是用户指定的参数。该算法的基本步骤是:选择初始的 $k$ 个聚类中心,计算每个样本与聚类中心之间的距离,将样本划分到距离最近的聚类中心所对应的簇中,然后重新计算每个簇的质心,重复以上步骤直到收敛。$k$ 均值聚类简单高效,对大规模数据集也有较好的拓展性,可以用于多维数据。需要注意的是,它仅在凸形簇结构上效果较好,并且对初始聚类中心的选择敏感,可能会陷入局部最优解。

2. 层次聚类

层次聚类(hierarchical clustering analysis,HCL)是一种基于树状结构的聚类算法,通过不断地合并或分割簇来构建聚类树,从而实现对数据的层次化划分。层次聚类不需要指定聚类数量,适用于各种形状和大小的簇。实现层次聚类的方法主要有两种:集聚聚类(agglomerative clustering)和分裂聚类(divisive clustering)。集聚采用“自底向上”的聚合策略,将每个样本作为不同的集群,让它们彼此靠近,直到只有一个集群;而分裂采用的是“自顶向下”的分拆策略,将所有数据点放入一个集群,然后将簇分为较小簇,直到每个簇中仅包含一个样本。层次聚类可以提供不同层次聚类结果,使数据的结构和关系更加清晰。但它的计算复杂度较高,对异常值和噪声比较敏感。

3. 基于密度的噪声应用空间聚类

基于密度的噪声应用空间聚类(density-based spatial clustering of applications with noise,DBSCAN)通过寻找高密度区域并将其扩展为簇来识别数据中的聚类。DBSCAN 基于样本之间的密度来划分数据集,将密度高于某个阈值的样本划分为核心点,将密度较低但可达核心点的样本划分为边界点,将密度较低且不可达核心点的样本划分为噪声点,并通过样本周围的密度来确定簇的形状和大小。DBSCAN 不需要预先指定聚类数量,对噪声和异常值具有较好的鲁棒性,可在有噪声的空间数据中发现任意形状的聚类。不过,DBSCAN 的计算复杂度较高,对于大规模数据集的聚类会比较慢。

4. 主成分分析

主成分分析(principal component analysis,PCA)是最常用的一种降维方法,它通过线性变换将高维数据转换为低维数据,并保留数据中最重要的特征。在使用主成分分析降维过程中,会舍去一部分信息。一方面,舍弃这部分信息之后能使样本的采样密度增大,以达到降维的目的;另一方面,当数据受到噪声影响时,最小的特征值对应的特征向量往往与噪声有关,将它们舍弃能在一定程度上起到去噪的效果。该方法适用于高维数据的降维和特征提取。主成分分析可以减少数据的维度,去除冗余信息,提取出重要的特征。但在降维的过程中,也有可能会丢失一些细节信息。

### 8.2.3 弱监督学习

弱监督学习(weakly supervised learning,WSL)中的数据标签不完全,即训练集中只有一小部分数据有标签,其余绝大部分数据都没有标签。只要标注信息不完全、不确切或不精确的标记学习都可看作弱监督学习。常见的弱监督学习算法包括半监督学习、迁移学习、强化学习等。

1. 半监督学习

让学习器不依赖外界交互、自动地利用未标记样本来提升学习性能,就是半监督学习(semi-supervised learning,SSL)。半监督学习的现实需求非常强烈,因为在现实应用中往往能容易地收集到大量未标记样本,而获取“标记”却需耗费人力、物力,因此经常出现“有标记数据少,未标记数据多”的情况。半监督学习恰恰提供了一条利用“廉价”的未标记样本的途径。

半监督学习是模式识别和机器学习领域的研究重点,是监督学习与无监督学习相结合的一种学习方法。半监督学习的核心思想是利用未标记数据的分布信息来辅助模型的训练,它使用大量的未标记数据和少量的标记数据进行模式识别工作。常见的半监督学习算法包括自训练、协同训练、多视图学习等。半监督学习需要工作人员少但准确性较高。

2. 迁移学习

如果有一个相关任务已经有了大量的训练数据,虽然这些训练数据的分布和目标任务不同,但是由于训练数据的规模比较大,我们假设可以从中学习某些可以泛化的对目标任务有一定帮助的知识。将相关任务训练数据中的可泛化知识迁移到目标任务上,是迁移学习(transfer learning,TL)要解决的问题。迁移学习在机器人控制、机器翻译、图像识别、人机交互等领域被广泛应用。

一个样本空间及其分布可以称为一个领域(domain),给定两个领域,如果它们的输入空间、输出空间或概率分布中至少有一个不同,这两个领域就被认为是不同的。迁移学习要做的就是在两个不同领域中迁移知识,具体来说就是利用源领域中学到的知识,来帮助实现目标领域中的学习任务。其主要通过三种方式实现:样本迁移、特征迁移、模型迁移。

样本迁移是在源域中找到与目标域相似的数据并赋予其更高权重,以完成从源域到目标域的迁移的方式,这种迁移方式简单易实现,但权重和相似度依靠经验,可靠性差;特征迁移通过特征变换将源域和目标域的特征映射到同一特征空间,再使用经典机器学习方法求解,该方式效果好但实际操作难度大;模型迁移假设源域和目标域共享模型参数,因此将已在源域中通过大量数据训练好的模型直接应用到目标域,该方式是目前最主流的迁移方式。在使用迁移学习前,要考虑源域和目标域之间的相似性和相关性,如果两个领域之间差异较大,则迁移学习的效果可能不理想。

3. 强化学习

强化学习(reinforcement learning,RL)也叫增强学习,是一种从环境状态到动作映射的学习,目标是使动作从环境中获得的累积奖赏值最大。强化学习问题可以描述为一个智能体从与环境的交互中不断学习以完成特定目标。在强化学习中,智能体通过尝试来发现各个动作产生的结果,并设置合适的奖励函数,使机器学习模型在奖励函数的引导下自主学习相应策略。强化学习和环境之间的相互作用如图 8-3 所示。

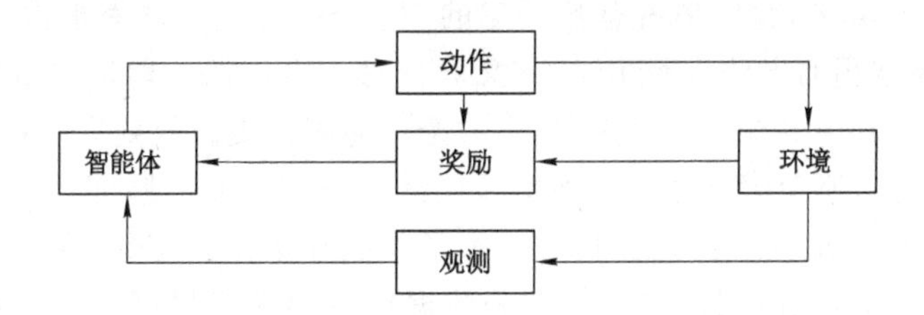


图 8-3　强化学习和环境之间的相互作用

强化学习的基本要素包括:

① 状态 $s$ 是对环境的描述,可以是离散的或连续的,其状态空间为 $S$;

② 动作 $a$ 是对智能体行为的描述,可以是离散的或连续的,其动作空间为 $A$;

③ 策略 $\pi(a|s)$ 是智能体根据环境状态 $s$ 决定下一步的动作 $a$ 的函数,通常可以分为确定性策略和随机性策略两种;

④ 状态转移概率 $p(s'|s,a)$ 是在智能体根据当前状态 $s$ 做出一个动作 $a$ 之后,环境在下一个时刻转变为状态 $s'$ 的概率;

⑤ 即时奖励 $r(s,a,s')$ 是一个标量函数,即智能体根据当前状态 $s$ 做出动作 $a$ 之后,环境会反馈给智能体一个奖励,这个奖励也经常和下一个时刻的状态 $s'$ 有关。

智能体与环境的交互过程可以看作一个马尔可夫决策过程(Markov decision process,MDP)。马尔可夫过程(Markov process)是具有马尔可夫性的随机变量序列 $s_0,s_1,\cdots,s_t\in S$,其下一个时刻的状态 $s_{t+1}$ 只取决于当前状态 $s_t$。马尔可夫决策过程在马尔可夫过程中加入了一个额外的变量——动作 $a$,即下一个时刻的状态 $s_{t+1}$ 与当前时刻的状态 $s_t$ 以及动作 $a_t$ 相关。

常见的强化学习算法包括 Q-learning、SARSA、DQN(deep Q-network)等。强化学习算法广泛应用于控制系统、游戏、推荐、自动驾驶、金融交易等领域。它和监督学习的不同在于,强化学习问题不需要给出“正确”策略作为监督信息,只需要给出策略的回报,并通过调整策略来取得最大化的期望回报。强化学习的优点是可以处理具有不确定性和复杂性的问题,并且能够在没有明确标签的情况下进行学习。然而,强化学习也面临一些挑战,如样本利用率低、训练时间长、策略探索与利用的平衡以及可迁移性等问题。

## 8.3 机器学习的流程

机器学习的一般步骤包括:数据收集,数据预处理,数据划分,模型选择和训练,模型评估,模型调优,模型测试,模型部署以及持续监测和更新。

1. 数据收集

收集与问题相关的数据。可以从数据库、文件、传感器或网络等获取数据。

2. 数据预处理

对收集到的数据进行预处理和清洗,以去除噪声、处理缺失值、解决异常值等。还可能需要进行特征选择、特征变换和特征工程等操作,以提取有用的特征。

3. 数据划分

将数据集划分为训练集、验证集和测试集。通常情况下,训练集占总数据集的比例最大,可以达到70%～80%,验证集占总数据集的10%～20%,测试集也占总数据的10%～20%。划分数据集常用的方法有留出法、交叉验证法和自助法。留出法直接将数据集划分为两个互斥的集合,其中一个作为训练集,另一个作为测试集。数据集在划分时要尽可能保持数据分布的一致性,避免因数据划分而引入额外的偏差。交叉验证法先将数据集划分为 $k$ 个大小相似的互斥子集,然后每次用 $k-1$ 个子集的并集做训练集,剩余的那个作为测试集,从而可以获得 $k$ 组训练/测试集。在划分数据集时同样要尽可能保持数据分布的一致性。自助法直接以自助采样法为基础,对于包含 $m$ 个样本的数据集 $D$,首先对它进行采样产生数据集 $D'$,然后将样本放回初始数据集 $D$,重复上述过程 $m$ 次,就得到了包含 $m$ 个样本的数据集 $D'$。自助法在数据集较小且难以有效划分训练/测试集时很有用,但可能会引入估计偏差,因此在初始数据量足够时,留出法和交叉验证法更常用一些。

4. 模型选择和训练

选择适合问题的机器学习算法,并使用训练集来训练模型。训练过程涉及优化算法,通过调整模型的参数使其损失函数最小化,从而能够更好地拟合数据。常见的损失函数如均方误差,是通过计算预测值与真实值之间的平均平方误差来衡量损失的。

5. 模型评估

使用验证集/测试集对训练好的模型进行评估,以确定其在处理未见过的数据时的性能。常用的评估指标包括准确率、精确率、召回率、$F1$ 值等。

6. 模型调优

根据模型在验证集/测试集上的表现,调整模型的超参数或使用正则化等方法来改善模型的性能,可以使用网格搜索、随机搜索等技术来寻找最佳的超参数组合。这个过程可能需要多次尝试不同的参数组合。

7. 模型测试

在完成模型调优后，使用测试集对模型进行最终的测试。这可以给出模型在真实场景中的性能估计。

8. 模型部署

将训练好的模型应用于实际问题中，并将其部署到生产环境中。这可能涉及将模型嵌入应用程序、系统或服务中。

9. 持续监测和更新

定期监测模型在实际环境中的表现，并根据需要对模型进行更新和改进，以确保其持续有效。

需要注意的是，机器学习的流程是一个迭代的过程，可能需要多次调整和改进，直到获得满意的结果。同时，不同的问题可能需要采用不同的技术和算法，因此流程中的具体步骤可能会有所变化。

### 8.3.1　模型

机器学习的模型如图 8-4 所示，环境和知识库是以某种知识表示形式表达的信息集合，分别代表外界信息来源和系统具有的知识。学习环节和执行环节代表两个过程。学习环节处理环境提供的信息，以便改善知识库中的显式知识。执行环节利用知识库中的知识来完成某种任务，并把执行中获得的信息反馈给学习环节。

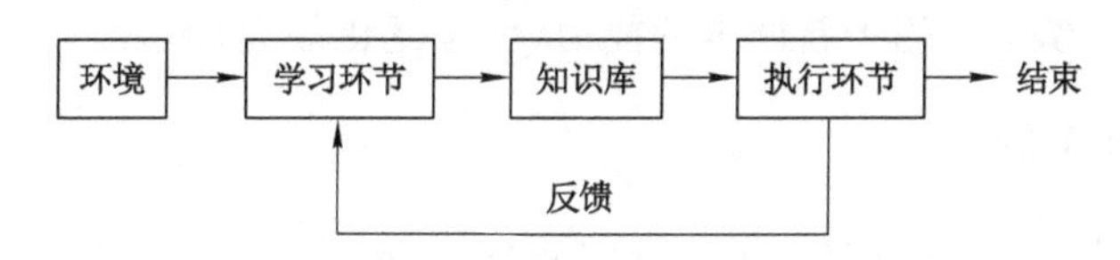


图 8-4　机器学习的模型

影响学习系统设计的第一个因素是环境。具体来说，环境指的是系统的工作对象或工作对象和外界条件。环境提供给系统的信息水平和质量对学习系统有很大影响。信息的水平指的是信息的一般性程度，也就是信息的使用范围，高水平的信息更抽象，是更广泛的问题，低水平的信息更具体，是个别问题。环境提供的信息水平和执行环节所需信息水平往往有差距，学习环节可解决二者信息水平差距问题。信息的质量指的是信息的正确性、恰当的选择和合理组织，信息的质量对学习难度有明显的影响。

影响学习系统设计的第二个因素是知识库的形式和内容，即知识表示的形式。知识表示方法一般有特征向量、谓词演算、产生式规则、过程、LISP 函数、数字多项式、语义网络和框架等。在进行知识表示形式的选择时要考虑可表达性、推理难度、可修改性、可扩充性等方面。

学习环节的目的就是改善执行环节的行为。执行环节的复杂性、反馈和透明度都对学习环节有重要影响。学习系统可以用独立的知识库评价学习环节推荐的假设，也可以用环境作为客观的执行标准。若执行环节有较好透明度，学习环节就容易追踪执行环节行为。

### 8.3.2　训练

从数据中学习得到模型的过程称为学习或训练，这个过程通过执行某个学习算法来完成。训练过程的目标是找到误差尽可能小的合适的模型参数，使得模型能最好地拟合样本集数据的特征。通常用损失函数来度量拟合的程度，即计算预测值与真实值之间的差距，从而评估模型的好坏。

迭代法是计算机解决问题的基本方法，它通过尝试使用多组参数值在同一个数据集上重复计算误差，直到找到一组误差足够小的最优参数来执行机器学习算法。训练的过程中使用损失函数来评价模型的预测值和真实值不一致的程度，损失函数是一个非负实值函数。损失函数值越小，说明模型的鲁棒性越好。不同的模型使用的损失函数一般也不同，损失函数主要在模型训练阶段使用，衡量算法在单个训练样本中的表现。二分类损失函数主要有0-1损失、Hinge损失和Logistic交叉熵损失等；多分类损失函数包括Softmax交叉熵损失和Categorical交叉熵损失等；回归问题损失函数有均方误差、根均方误差、平均绝对误差和Huber损失等。

损失函数是模型的局部指标，而目标函数是模型的全局指标。每个算法都有目标函数，算法的目的就是求目标函数的最优解。在模型训练过程中，通常通过最小化目标函数来优化模型的参数。回归算法的目标是让预测值和真实值之间的误差小于一定范围；分类算法的目标是让所有样本尽可能正确分类；聚类算法的目标是将一组样本划分为若干类，确保同一类中的样本差异尽可能小，而不同类样本之间属性尽量不同。

机器学习的目标是使学得的模型能很好地适用于"新样本"，而不是仅仅在训练样本上工作得很好，即使对聚类这样的无监督学习任务，也希望其学得的簇划分能够适用于未出现在训练集中的样本。模型适用于新样本的能力，就是泛化能力。

### 8.3.3 模型性能评估

为了评估机器学习模型的好坏，需要给定测试集，用模型对测试集中每一个样本进行预测，并根据预测结果计算评价分数。分类问题中常见的评估指标有准确率(accuracy)、精准率(precision)、召回率(recall)、$F$值($F1$值)、ROC曲线(receiver operating characteristic curve)和AUC值(area under the curve)；回归问题中常见的评估指标有平均绝对误差(mean absolute error，MAE)和均方误差(mean square error，MSE)。

混淆矩阵(confusion matrix)用于评估分类模型性能。表8-2所示为一个二维混淆矩阵，展示了分类模型在不同类别上的预测结果与实际结果之间的差异。如表8-2所示，模型在测试集上的结果可以分成四种情况。

**表8-2 混淆矩阵**

| | | 实际表现 | |
|---|---|---|---|
| | | 1 | 0 |
| 预测表现 | 1 | TP | FP |
| | 0 | FN | TN |

① 真正例(true positive，TP)：样本的真实类为1，模型正确预测为类1；

② 假负例(false negative，FN)：样本的真实类为1，模型错误预测为类0；

③ 假正例(false positive，FP)：样本的真实类为0，模型错误预测为类1；

④ 真负例(true negative,TN):样本的真实类为 0,模型也预测为类 0。

根据这些指标,可以计算出一系列分类模型的性能指标。

1. 准确率

准确率指所有类别整体性能的平均值,是最常用的评价指标。它表示预测正确的样本数占总样本数的百分比,计算公式为:

$$准确率=\frac{TP+TN}{TP+TN+FP+FN}$$

虽然准确率可以判断总的正确率,但是在样本不平衡的情况下,得到的高准确率结果不具有代表性,并不能作为很好的指标来衡量结果。因此就衍生出另外两种指标:精准率和召回率。

2. 精准率(查准率)

精准率是针对预测结果而言的,它表示所有被预测为正的样本中实际为正的样本的概率,代表对正样本结果的预测准确程度,计算公式为:

$$精准率=\frac{TP}{TP+FP}$$

3. 召回率(查全率)

召回率是针对原样本而言的,它表示实际为正的样本中被预测为正样本的概率,计算公式为:

$$召回率=\frac{TP}{TP+FN}$$

精准率和召回率的分子相同,都是实际为正的样本数(TP),但分母不同,二者的关系一般用 P-R 曲线来表示,如图 8-5 所示。若一个学习器的 P-R 曲线被另一个学习器的曲线完全“包住”,则可断言后者的性能优于前者,若两个学习器的 P-R 曲线存在交叉,则难以一般性地判断两者的优劣,只能在具体的精准率或召回率条件下进行比较。如图 8-5 所示,学习器 A 和学习器 B 的性能优于学习器 C,学习器 A 和学习器 B 的优劣却无法直接判断。实际中我们希望精准率和召回率同时非常高,但一般很难兼顾。为了在精准率和召回率的表现之间找到一个平衡点,就出现了一个新的指标,叫作 $F$ 值。

4. $F$ 值

$F$ 值通过参数 $\beta$ 来平衡精准率和召回率的重要性,$\beta$ 表示召回率的权重是精准率的 $\beta$ 倍,一般取 $\beta=1$,即认为召回率和精准率同样重要,此时的 $F$ 值称为 $F1$ 值,是精准率和召回率的平均值。$F$ 值的计算公式为:

$$F=\frac{(1+\beta^2)\times 精准率\times 召回率}{\beta^2\times 精准率+召回率}$$

还有两个指标:灵敏度和(1－特异度),分别又称为真正率(true positive rate,TPR)和假正率(false positive rate,FPR)。其中,灵敏度和召回率是相同的,都是实际为正的样本中被预测为正样本的概率,而特异度是实际为负的样本中被预测为负样本的概率,由于我们比较关心正样本,所以更关注有多少负样本被错误地预测为正样本,因此在模型评估中使用(1－特异度),而不直接使用特异度。真正率和假正率分别在实际的正样本和负样本中观察相关概率问题,所以无论样本是否平衡,都不会受影响。这也是选用真正率和假正率作为接下来提到的 ROC 曲线/AUC 值指标的原因。

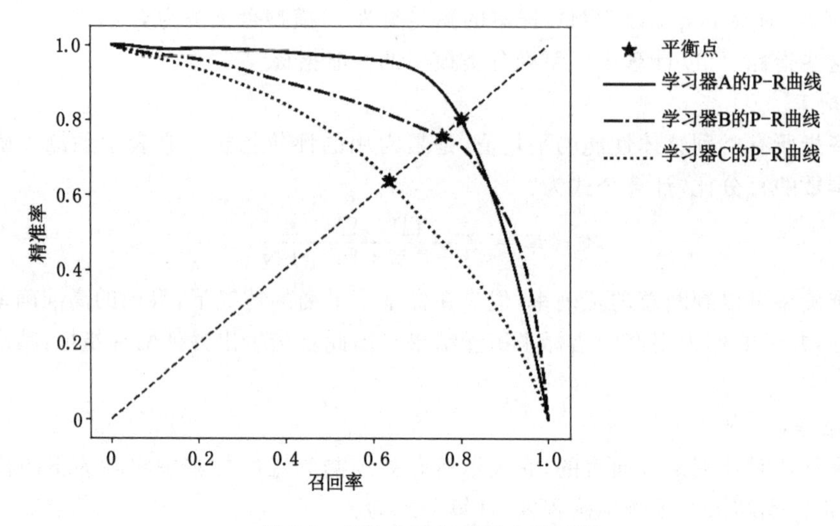


图 8-5 P-R 曲线与平衡点示意图

5. ROC 曲线

ROC 曲线是一种描绘分类器性能的图形工具,它表示在不同阈值下分类器的真正率和假正率之间的关系,如图 8-6 所示。ROC 曲线能够无视样本的不平衡,无论测试集中正负样本的分布如何变化,ROC 曲线都保持不变。

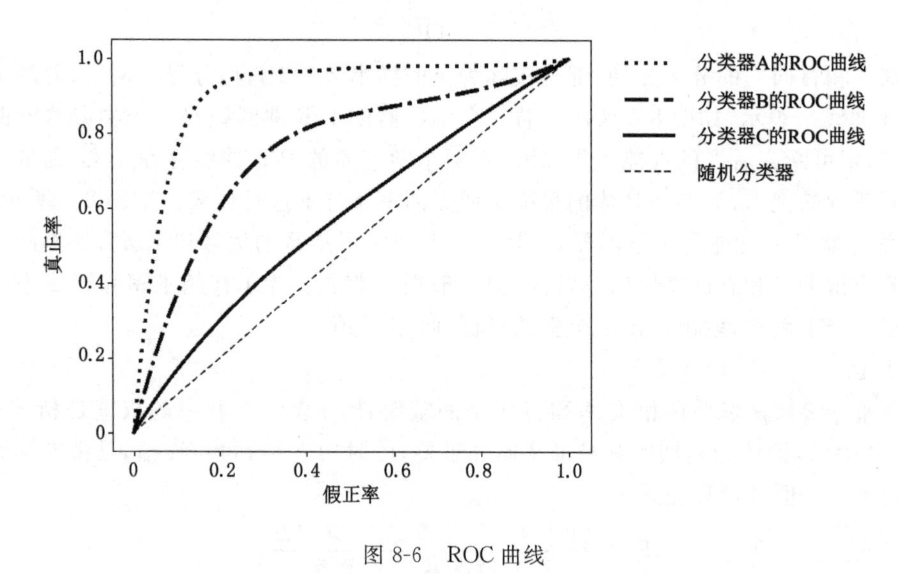


图 8-6 ROC 曲线

6. AUC 值

AUC 值表示 ROC 曲线下的面积,用于衡量分类器性能,如图 8-7 阴影部分所示区域。AUC 值越接近 1,表示分类器性能越好;反之,AUC 值越接近 0,表示分类器性能越差。

7. 平均绝对误差

平均绝对误差是预测值与真实值之间差值的绝对值的平均值。它反映了模型的平均预测误差的大小。平均绝对误差值越小,表示模型的预测越准确。平均绝对误差的计算公

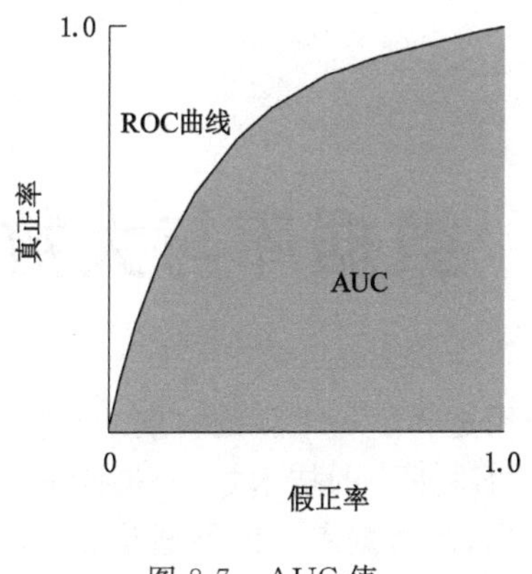


图 8-7　AUC 值

式为：

$$\mathrm{MAE} = \frac{\sum_{i=1}^{n} |P_i - A_i|}{n}$$

式中，$P_i$ 表示预测值；$A_i$ 表示真实值。

8. 均方误差

平均绝对误差虽然能较好衡量回归模型的好坏，但是绝对值的存在导致函数不光滑，在某些点上不能求导，于是考虑用均方误差来衡量模型的平均预测误差。均方误差是回归任务中最常用的性能度量，它是预测值与真实值之间差值的平方和的平均值，并且比平均绝对误差更加敏感。均方误差的值越小，表示模型的预测越准确。均方误差的计算公式为：

$$\mathrm{MSE} = \frac{\sum_{i=1}^{n} (P_i - A_i)^2}{n}$$

# 第 9 章　数据库与大数据基础

数据库的出现使计算机应用进入了一个新的时期——社会的每一个领域都与计算机应用产生了联系。数据库是计算机最重要的技术之一，是计算机软件的一个独立分支，数据库是建立管理信息系统的核心技术，当数据库与网络通信技术、多媒体技术结合在一起时，计算机应用将无所不在，无所不能。

21 世纪，计算机科学与信息技术的应用已经渗透到社会生活的各个方面，并且已经成为推动社会飞速发展的重要引擎。以大数据技术为热点的计算机前沿技术，对计算机和信息技术在各个领域的应用产生了重要影响。

本章学习目标与要求：

(1) 掌握数据库的基本概念。

(2) 掌握数据模型，实体联系模型及 E-R 图，从 E-R 图导出关系数据模型。

(3) 掌握关系代数运算，包括集合运算及选择，投影，连接运算。

(4) 了解数据库设计方法和步骤。

(5) 了解大数据发展现状与历史。

(6) 了解大数据概念及相关介绍。

## 9.1　数据库设计基础

### 9.1.1　数据库概念

#### 9.1.1.1　基本概念及相关术语

(1) 数据库(data base，DB)是长期储存在计算机内的、有组织的、可共享的大量数据的集合。

(2) 数据库管理系统(data base management system，DBMS)是一种操纵和管理数据库的系统软件，用于建立、使用和维护数据库，对数据库进行统一管理和控制，以保证数据库的安全和完整，是数据库的核心，其主要功能如下。

① 数据定义：DBMS 提供数据定义语言(data definition language，DDL)，供用户定义数据库的三级模式结构、两级映像以及完整性约束和保密限制等约束。

② 数据组织、存储和管理：DBMS 分类组织、存储和管理各种数据，确定组织数据的文件结构和存取方式，实现数据之间的联系，提供多种存取方法以提高存取效率。

③ 数据操纵：DBMS 提供数据操纵语言(data manipulation language，DML)供用户实现对数据库中的数据进行存储、查询、修改和删除等基本操作。

④ 数据库的运行管理：数据库在建立、运行和维护时由 DBMS 统一管理和控制，保证

数据的安全性、完整性、多用户对数据的并发使用及发生故障后的系统恢复。

⑤ 数据库的建立和维护：DBMS 负责数据库初始数据输入、转换，数据库转储、介质故障恢复，数据库的重组织，性能监视分析等。

⑥ 通信：DBMS 可以实现与网络中其他软件系统的通信，与其他 DBMS 系统的数据转换以及异构数据库之间的互访和互操作。

(3) 数据库系统(data base system，DBS)是储存、管理、处理和维护数据的软件系统，主要由数据库、数据库管理系统和数据库管理员(database administrator，DBA)组成。

数据库系统具有以下特点：

① 整体数据结构化。

② 实现数据共享，减少数据的冗余度，易修改、易扩充。

③ 数据的独立性高。

数据的独立性包括逻辑独立性和物理独立性。逻辑独立性是指数据库中数据库的逻辑结构和应用程序相互独立，数据库的逻辑结构改变，但应用程序可以不变；物理独立性是指数据物理结构(如存储结构、存取方式等)的变化不影响数据的逻辑结构，从而也不需要修改相应的应用程序。

④ 数据实现集中控制，由 DBMS 统一管理。

数据库管理员是对数据库进行规划、设计、维护、监视等的专业管理人员，负责保证数据库系统的可用性、安全性和保密性。

#### 9.1.1.2　数据库系统的发展

数据库管理经历了人工管理、文件系统和数据库系统等三个发展阶段，三个阶段的比较如表 9-1 所示。

**表 9-1　数据库管理三个阶段的比较**

| 阶段 | | 人工管理阶段 | 文件系统阶段 | 数据库系统阶段 |
|---|---|---|---|---|
| 背景 | 应用背景 | 科学计算 | 科学计算、管理 | 大规模管理 |
| | 硬件背景 | 无直接存取、存储设备 | 磁盘、磁鼓 | 大容量磁盘 |
| | 软件背景 | 没有操作系统 | 有文件系统 | 有数据库管理系统 |
| | 处理方式 | 批处理 | 联机实时处理、批处理 | 联机实时处理、分布处理、批处理 |
| 特点 | 数据的管理者 | 用户(程序员) | 文件系统 | 数据库管理系统 |
| | 数据面向的对象 | 某一应用程序 | 某一应用 | 现实世界 |
| | 数据的共享程度 | 不共享，冗余度极大 | 共享性差，冗余度大 | 共享性高，冗余度小 |
| | 数据的独立性 | 不独立，完全依赖于程序 | 独立性差 | 具有高度的物理独立性和一定的逻辑独立性 |
| | 数据的结构化 | 无结构 | 记录内有结构，整体无结构 | 整体结构化，用数据模型描述 |
| | 数据控制能力 | 应用程序自己控制 | 应用程序自己控制 | 由数据库管理系统保证数据安全性、完整性、并发控制和恢复能力 |

#### 9.1.1.3　数据库系统结构

数据库系统在体系结构上通常具有相同的特征，即采用三级模式结构并提供两级映像。

数据库系统的三级模式结构是指数据库系统是由模式、外模式和内模式三级构成的。

(1) 模式也称逻辑模式或概念模式，是数据库中全体数据的逻辑结构和特征的描述，是所有用户的公共数据视图。一个数据库只有一个模式。定义模式时不仅要定义数据的逻辑结构，而且要定义数据之间的联系以及与数据有关的安全性、完整性要求。

(2) 外模式也称用户模式，它是数据库用户能够看见和使用的局部数据的逻辑结构和特征的描述，是数据库用户的数据视图，是与某一应用有关的数据的逻辑表示。外模式通常是模式的子集。一个数据库可以有多个外模式。

(3) 内模式也称存储模式，它是数据物理结构和存储方式的描述，是数据在数据库内部的表示方式。一个数据库只有一个内模式。

数据库管理系统在三级模式之间提供了两级映像。

(1) 外模式/模式映像：当模式改变时只需要相应改变各个外模式/模式的映像，而外模式可以保持不变，应用程序不必修改，保证了数据的逻辑独立性。

(2) 模式/内模式映像：当数据库的存储结构改变时，只需要相应改变模式/内模式的映像，而模式可以保持不变，应用程序不必修改，保证了数据的物理独立性。

### 9.1.2 数据模型

#### 9.1.2.1 数据模型定义及分类

数据模型是数据特征的抽象，它从抽象层次上描述了系统的静态特征、动态行为和约束条件，为数据库系统的信息表示与操作提供一个抽象的框架。数据模型所描述的内容有三个部分，分别是数据结构、数据操作与数据约束。

(1) 数据结构：数据结构是所研究的对象类型的集合，包括与数据类型、内容、性质有关的对象，以及与数据之间联系有关的对象。它用于描述系统的静态特征。

(2) 数据操作：数据操作是对数据库中各种对象(型)的实例(值)允许执行的操作的集合，包括操作的含义、符号、操作规则及实现操作的语句等。它用于描述系统的动态行为。

(3) 数据约束：数据的约束条件是一组完整性规则的集合。完整性规则是给定的数据模型中数据及其联系所具有的制约和依存规则，用以限定符号数据模型的数据库状态及其变化，以保证数据的正确、有效和相容。

数据模型可以分为概念模型、逻辑数据模型和物理模型三类。

(1) 概念数据模型简称概念模型，是面向数据库用户的现实世界的模型，主要用来描述数据的概念化结构。在设计的初始阶段，数据库的设计人员常用概念模型来分析数据以及数据之间的联系。概念数据模型与具体的 DBMS 无关，其必须转换成逻辑数据模型，才能在 DBMS 中实现。概念模型主要有 E-R 模型(实体联系模型)、扩充的 E-R 模型、面向对象模型及谓词模型等。

(2) 逻辑数据模型又称逻辑模型，是一种面向数据库系统的模型，该模型着重于在数据库系统一级的实现。逻辑数据模型主要有层次模型、网状模型、关系模型、面向对象模型等。

(3) 物理数据模型又称物理模型，它是一种面向计算机物理表示的模型，描述了数据在存储介质上的存储方式和存取方法，它不但与具体的 DBMS 有关，而且还与操作系统和硬件有关。每一种逻辑数据模型在实现时都有对应的物理数据模型。物理模型的具体实现是

DBMS 的任务，而数据库设计者只设计索引、聚集等特殊结构。

#### 9.1.2.2　实体联系模型及 E-R 图

实体联系模型简称 E-R 模型。该模型通过 E-R 图表示实体集及实体集之间的联系，用于实现数据的第一次抽象，即把现实世界转换为信息世界。在设计数据库时，把 E-R 图作为中间步骤，用 E-R 图准确地反映出信息，再从 E-R 图构造出关系数据模型。

E-R 模型的相关概念如下：

(1) 实体：客观存在并可相互区别的事物。

(2) 属性：实体所具有的某一特性或性质，一个实体可以由若干属性来刻画。

(3) 联系：现实世界中事物间的关系。实体集之间的联系有一对一、一对多、多对多三种。

E-R 图，即实体-联系图，是指提供了表示实体型、属性和联系的方法，用来描述现实世界的概念模型。E-R 图中包含实体集、联系和属性等 3 种基本成分。图 9-1 所示为学生选课的 E-R 图。其中实体集用矩形表示；属性用圆角矩形表示；联系用菱形表示；实体集与属性间的关系以及实体集与联系间的关系均用无向线段表示。

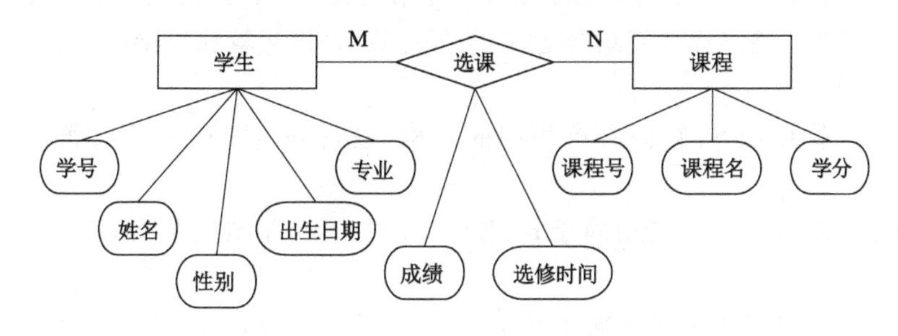


图 9-1　学生选课 E-R 图

数据库管理系统常见的数据模型有层次模型、网状模型和关系模型三种。表 9-2 列出了三种模型的主要特点。

**表 9-2　三种数据模型的特点**

| 数据模型 | 主要特点 |
|---|---|
| 层次模型 | 用树形结构表示实体以及实体之间联系的模型称为层次模型，上级节点与下级节点之间为一对多的联系 |
| 网状模型 | 用网状结构表示实体以及实体之间联系的模型称为网状模型，网中的每一个节点代表一个实体类型，允许节点有多于一个的父节点，可以有一个以上的节点没有父节点 |
| 关系模型 | 用二维表结构表示实体以及实体之间联系的模型称为关系模型，在关系模型中把数据看作二维表中的元素，一张二维表就是一个关系 |

#### 9.1.2.3　从 E-R 图导出关系数据模型

数据库逻辑设计的主要工作是将 E-R 图转换成指定 RDBMS(关系数据库管理系统)中的关系模式。从 E-R 图到关系模式的转换是比较直接的，实体与联系都可以表示成关系，E-R 图中属性也可以转换成关系的属性，实体集也可以转换成关系，相关说明如下。

(1) 主码:又称为关键字、主键,能唯一标识一个元组的一个属性或几个属性,例如,学生的学号。主码属性不能取空值。

(2) 外码:又称为外部关键字、外键,两个关系中,如果一个关系的某一(组)属性是另一个关系的关键字,则称该(组)属性为该关系的外部关键字。外部关键字取空值或为外部表中对应的关键字值。例如,选课表中的学号,是学生表中的关键字,那么,学号就是选课表中的外部关键字。

(3) 关系中的数据约束:

① 实体完整性,要求关系的主键中属性值不能为空值。

② 参照完整性,关系之间相互关联的基本约束,不允许关系引用不存在的元组,即在关系中的外键,要么是所关联关系中实际存在的元组,要么为空值。

③ 用户定义的完整性,反映某一具体应用所涉及的数据必须满足的语义要求。例如学生成绩的取值范围在 0～100 之间等。

### 9.1.3 关系代数运算

关系是由若干个不同的元组所组成的,是元组的集合。$n$ 元关系是一个 $n$ 元有序元组的集合。关系模型的基本运算有集合运算、选择运算、投影运算和连接运算。

1. 集合运算

设有两个关系 $R$ 和 $S$,它们具有相同的结构,进行并、差、交和广义笛卡儿积等运算结果。

(1) 并($\cup$):$R$ 和 $S$ 的并是由属于 $R$ 或属于 $S$ 的元组组成的集合,运算符为$\cup$。记为 $T=R\cup S$。

(2) 差($-$):$R$ 和 $S$ 的差是由属于 $R$ 但不属于 $S$ 的元组组成的集合,运算符为$-$。记为 $T=R-S$。

(3) 交($\cap$):$R$ 和 $S$ 的交是由既属于 $R$ 又属于 $S$ 的元组组成的集合,运算符为$\cap$。记为 $T=R\cap S$。$R\cap S=R-(R-S)$。

(4) 广义笛卡儿积($\times$):设关系 $R$ 和 $S$ 的属性个数分别为 $n$、$m$,则 $R$ 和 $S$ 的广义笛卡儿积是一个有$(n+m)$列的元组的集合。每个元组的前 $n$ 列来自 $R$ 的一个元组,后 $m$ 列来自 $S$ 的一个元组,记为 $R\times S$。

例:有如下两个关系 $R$、$S$,分别如图 9-2(a)和图 9-2(b)所示,则 $R\cup S$ 的结果如图 9-2(c)所示,$R-S$ 的结果如图 9-2(d)所示,$R\cap S$ 的结果如图 9-2(e)所示,$R\times S$ 的结果如图 9-2(f)所示。

2. 选择运算

从关系中找出满足给定条件的那些元组称为选择。其中的条件是以逻辑表达式给出的,值为真的元组将被选取。这种运算是从水平方向抽取元组。

3. 投影运算

从关系模式中挑选若干属性组成新的关系称为投影。这是从列的角度进行的运算,相当于对关系进行垂直分解。

4. 连接运算

选择运算和投影运算都属于单目运算,它们的操作对象只是一个关系。连接运算是二

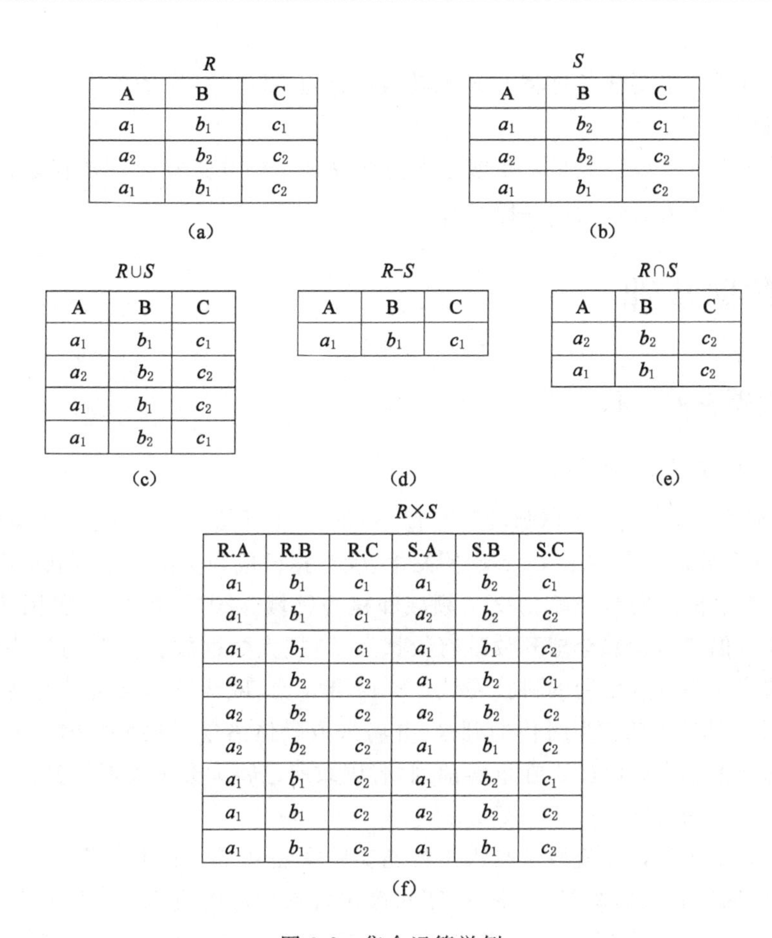

$R$

| A | B | C |
|---|---|---|
| $a_1$ | $b_1$ | $c_1$ |
| $a_2$ | $b_2$ | $c_2$ |
| $a_1$ | $b_1$ | $c_2$ |

(a)

$S$

| A | B | C |
|---|---|---|
| $a_1$ | $b_2$ | $c_1$ |
| $a_2$ | $b_2$ | $c_2$ |
| $a_1$ | $b_1$ | $c_2$ |

(b)

$R \cup S$

| A | B | C |
|---|---|---|
| $a_1$ | $b_1$ | $c_1$ |
| $a_2$ | $b_2$ | $c_2$ |
| $a_1$ | $b_1$ | $c_2$ |
| $a_1$ | $b_2$ | $c_1$ |

(c)

$R-S$

| A | B | C |
|---|---|---|
| $a_1$ | $b_1$ | $c_1$ |

(d)

$R \cap S$

| A | B | C |
|---|---|---|
| $a_2$ | $b_2$ | $c_2$ |
| $a_1$ | $b_1$ | $c_2$ |

(e)

$R \times S$

| R.A | R.B | R.C | S.A | S.B | S.C |
|---|---|---|---|---|---|
| $a_1$ | $b_1$ | $c_1$ | $a_1$ | $b_2$ | $c_1$ |
| $a_1$ | $b_1$ | $c_1$ | $a_2$ | $b_2$ | $c_2$ |
| $a_1$ | $b_1$ | $c_1$ | $a_1$ | $b_1$ | $c_2$ |
| $a_2$ | $b_2$ | $c_2$ | $a_1$ | $b_2$ | $c_1$ |
| $a_2$ | $b_2$ | $c_2$ | $a_2$ | $b_2$ | $c_2$ |
| $a_2$ | $b_2$ | $c_2$ | $a_1$ | $b_1$ | $c_2$ |
| $a_1$ | $b_1$ | $c_2$ | $a_1$ | $b_2$ | $c_1$ |
| $a_1$ | $b_1$ | $c_2$ | $a_2$ | $b_2$ | $c_2$ |
| $a_1$ | $b_1$ | $c_2$ | $a_1$ | $b_1$ | $c_2$ |

(f)

图 9-2　集合运算举例

目运算，需要两个关系作为操作对象。

（1）等值连接是将两个关系中相同属性的值相等作为连接条件的一种连接运算。运算过程是通过连接条件来控制的，连接条件中将出现两个关系中的公共属性名，或者具有相同语义、可比的属性。连接是对关系的结合。

（2）自然连接是一种特殊的等值连接。它要求两个关系中进行比较的分量必须是相同的属性，并且在结果中把重复的属性列去掉。

### 9.1.4　数据库设计方法与步骤

数据库设计的四个阶段是：需求分析、概念设计、逻辑设计、物理设计。

1. 需求分析阶段

需求分析阶段的主要任务是收集和分析数据，这一阶段收集到的基础数据和数据流图是下一步设计概念结构的基础。

2. 概念设计阶段

概念设计阶段的主要任务是分析数据间内在语义关联，在此基础上建立一个数据的抽象模型，即形成 E-R 图。

3. 逻辑设计阶段

逻辑设计阶段的主要任务是将 E-R 图转换成指定 RDBMS 中的关系模式。

4. 物理设计阶段

物理设计阶段的主要任务是调整数据库内部物理结构并选择合理的存取路径,以提高数据库访问速度和扩大有效利用存储空间。

# 9.2 大数据基础

## 9.2.1 大数据发展现状

### 9.2.1.1 国外发展现状

2009 年,联合国启动了"全球脉动"计划。从 2009 年开始,美国政府将大量资料库向公众开放,并将许多数据公布在 Data.gov 网站上,大数据已成为美国国家创新战略、国家安全战略以及国家信息网络安全战略的交叉领域和核心领域。2012 年 3 月,美国政府提出"大数据研究和发展倡议",发起全球开放政府数据运动,把大数据放在重要的战略位置。英国政府也将大数据作为重点发展的科技领域。2014 年 7 月,欧盟委员会也呼吁各成员国应积极发展大数据,迎接"大数据" 时代的到来,并将采取具体措施发展大数据业务。欧美等国家对大数据的探索和发展已经走在世界前列,各国政府已将大数据发展提升至战略高度,大力推进大数据产业的发展。

美国麻省理工大学计算机科学与人工智能实验室建立了大数据科学技术中心,且与多所大学合作,以期得到数据挖掘、共享、存储和操作大数据的解决方案。欧洲核子中心在匈牙利科学院魏格纳物理学研究中心建设了一座超宽带数据中心。IBM、Microsoft、EMC、DELL、HP 等信息技术企业纷纷提出了各自的大数据解决方案及应用技术。

### 9.2.1.2 国内发展现状

中国政府非常重视大数据的发展,并制定了一系列政策来支持大数据产业的发展。科技部"十二五"部署了关于物联网、云计算的相关专项。"十三五"规划纲要中提出实施国家大数据战略,推进数据资源开放共享。地方政府也对大数据战略高度重视,相继出台了大数据相关政策,为大数据产业的发展提供了有力保障。

中国大数据产业规模正在持续快速增长。根据中国信息通信研究院发布的《中国数字经济发展报告(2022 年)》显示,2021 年,我国数字经济规模达 45.5 万亿元,同比名义增长 16.2%,高于同期 GDP 名义增速 3.4 个百分点,占 GDP 比重达到 39.8%,数字经济在国民经济中的地位更加稳固、支撑作用更加明显。我国大数据企业数量也在不断增加。据不完全统计,截至 2022 年,我国大数据相关企业数量已经超过 10 万家,其中不乏一些知名企业,如阿里巴巴、腾讯、百度等。大数据在国内的应用领域非常广泛,包括金融、智能制造、智慧城市、智慧医疗、教育、农业、能源、交通等。例如,在金融领域,大数据可以帮助银行和保险公司更好地了解客户需求和风险偏好,提高服务质量和效率;在智能制造领域,大数据可以帮助企业实现生产过程的智能化和精细化管理,提高生产效率和产品质量;在智慧城市领域,大数据可以帮助城市管理者更好地了解城市运行情况和市民需求,提高城市管理的效率和智能化水平。

总的来说，大数据在国内的发展非常迅速，政策支持和广泛的应用领域为大数据产业的发展提供了有力保障。未来随着技术的不断进步和应用的不断拓展，大数据在国内的发展前景将更加广阔。

#### 9.2.1.3　大数据的数据规模

传统的数据库处理对象通常以 MB 为基本单位，而大数据常常以 TB、PB 为基本处理单位，各单位的换算关系如下：

1 KB＝$2^{10}$ B；

1 MB＝$2^{10}$ KB；

1 GB＝$2^{10}$ MB；

1 TB＝$2^{10}$ GB；

1 PB＝$2^{10}$ TB；

1 EB＝$2^{10}$ PB；

1 ZB＝$2^{10}$ EB。

人类历史上从未有哪个时代同今天一样产生如此海量的数据。数据的产生已经完全不受时间、地点的限制。Intel 公司的研究表明，2020 年全球数据量达 44 ZB，中国产生的数据量达 8 ZB，这个数量是非常惊人的。可以说，人类在信息时代产生的数据量超过了以往任何一个时代。

### 9.2.2　大数据概念及相关介绍

#### 9.2.2.1　大数据的定义

常见的大数据定义有属性定义、比较定义和体系定义三种。

(1) 属性定义：国际数据中心在 2011 年的报告中定义了大数据，认为“大数据技术描述了一个技术和体系的新时代，被设计于从大规模多样化的数据中通过高速捕获、发现和分析技术提取数据的价值”。这个定义刻画了大数据的 4 个显著特点，即容量(volume)、多样性(variety)、速度(velocity)和价值(value)，亦即“4V”特征。

(2) 比较定义：麦肯锡全球研究所认为“大数据是超过了传统数据库软件工具捕获、存储、管理和分析数据能力的数据集”。这种定义是一种主观定义，没有描述与大数据相关的任何度量机制，但从时间和跨领域的角度来看，该定义中包含了一种发展的观点，说明了什么样的数据集才能被认为是大数据。

(3) 体系定义：美国国家标准和技术研究院则认为“大数据是指数据的容量、数据的获取速度或者数据的表示限制了使用传统关系方法对数据的分析处理能力，需要使用水平扩展的机制以提高处理效率的数据集”。

#### 9.2.2.2　大数据机器学习

大数据主要有结构化、半结构化和无结构化三种形式。其主要应用领域有智能电网、智慧医疗、物联网、公用事业、交通与物流、政治服务和政府监督等。

在当前的实际应用中如传感器网络、信用卡交易、股票管理、博文以及网络流量产生了巨量的数据集。数据挖掘方法对于发现有趣的模式和提取隐藏在如此巨量数据集和数据集中的价值非常重要。然而，传统的数据挖掘技术如关联挖掘、聚类和分类应用于动态环境中的大数据时，表现出缺乏效率、可扩展性和准确性。此外，输入数据流的多变性带来不可预测分布式事例的变化。这个变化影响了基于来自过去事例的分类训练模型的精度。

当前，在机器学习和模式识别中，深度学习是一个非常活跃的研究领域，而且在计算机视觉、语音识别和自然语言处理等预测分析应用中扮演着重要的角色。深度学习有助于从大容量的、无监督的、非分类的原始数据中自动地提取复杂问题的表达。但是，也面临如下几项重大挑战：

① 巨量的大数据的挑战：训练阶段对于一般大数据的学习是一个不容易的任务，尤其是深度学习。这是因为学习算法的迭代计算非常难于并行化。因此，依然需要产生有效的和可扩展的并行算法来改进深度模型的训练阶段。

② 异构性挑战：高容量的数据对深度学习提出了巨大的挑战。这意味着需要处理大量的输入样本、种类繁多的输出类型以及非常高的维度属性。因此，分析解决方案必须解决运行时间的复杂度和模型复杂度问题。另外，如此大的数据量使得用中央处理器和存储器来训练深度学习算法是不可行的。

③ 有噪标记以及非平稳分布的挑战：由于大数据的源分散性和异构性，深度学习依然要面对如数据不完整、标记丢失和有噪标记的其他挑战。

④ 高速性的挑战：数据以极快的速度产生并应被实时处理。除了高速外，数据常常是非平稳的，因此，深度学习还要面对时间分布的挑战。

增量学习和集成学习构成两种学习动态策略。它们是来自具有概念漂移的大数据流的学习中的基本方法。增量学习和集成学习被频繁地应用于数据流和大数据中。它们克服了如处理数据的可用性和资源限制问题。虽然并不是所有的分类算法都可以用于增量学习，但是几乎所有的分类算法都可以应用到集成算法中。因此，建议将增量算法应用到无概念漂移或概念漂移是平滑的应用中。

粒度计算成为各种大数据领域中较为流行的应用，在智能数据分析、模式识别、机器学习和大数据集的不确定推理方面显示出了许多优点。粒度计算可通过多种技术实现，如模糊集、粗糙集、随机集等。模糊集技术提供了一种新颖的方式来研究并表示集合与集合中成员间的关系。这是通过隶属函数（类似人的识别）来实现的。模糊信息粒度是由粒度化对象导出的模糊粒度池，而不是单个的模糊粒度。

#### 9.2.2.3 Hadoop 大数据生态系统

Hadoop 是一个由 Apache 基金会所开发的分布式系统基础架构，其设计目标是解决传统技术处理和分析大数据时所遇到的低性能与复杂性问题。Hadoop 是在并行的集群上和分布式文件系统上实现快速处理大数据集的。与传统技术不同，Hadoop 不会在内存中复制整个远程数据来执行计算，而是在数据储存处执行任务。Hadoop 还能在保证分布式环境中的容错性的同时高效地运行程序。为确保容错性，Hadoop 通过复制服务器上的数据来防止数据丢失。Hadoop 平台的能力主要基于两个组件：Hadoop 分布式文件系统（Hadoop distributed file system，HDFS）和 MapReduce 框架。另外，用户可以根据其目标以及应用需求（如容量、性能、可靠性、可扩展性、安全性）在 Hadoop 顶部添加模块。

HDFS 基于主-从架构，它将大数据分布到不同的集群中。事实上，集群拥有一个唯一的管理文件系统操作的主机（namenode，名称节点）和许多管理和协调单个计算节点上的数据存储的从机(datanodes,数据节点)。Hadoop依赖于数据备份提供数据的可利用性。HBase是一个分布式非关系数据库,它是构建在HDFS之上的开源项目,是为低时延操作而设计的。HBase是基于列的模式。它具有支持高更新速率表和分布式集群水平扩展的能力。在BigTable的格式中,HBase提供了一个灵活的、结构化的、能托管非常大的表的功能。MapReduce是由程序设计模型及其实现组成的一个框架,是新一代大数据管理和分析工具的必要步骤之一。MapReduce通过它有效经济的机制,简化了海量数据的处理,使得所写的程序能够支持并行处理。

# 第 10 章　云计算基础

云计算的概念首次在 2006 年 8 月的搜索引擎大会上被提出，成为互联网的第三次革命。云计算也正在成为信息技术产业发展的战略重点，全球的信息技术企业纷纷向云计算转型。随着时代的发展，云计算越来越普及，越来越大众化，使用的人越来越多，本章重点介绍云计算的有关概念、相关技术和云计算在我国的发展情况。

本章学习目标与要求：

(1) 掌握云计算的基本概念。

(2) 了解云计算的核心思想。

(3) 掌握云计算的服务模式和部署模式。

(4) 了解云计算的关键技术：数据存储技术、数据管理技术、编程模型。

(5) 了解云计算在我国的发展情况。

## 10.1　云计算概述

云计算(cloud computing)是网格计算(grid computing)、分布式计算(distributed computing)、并行计算(parallel computing)、效用计算(utility computing)、网络存储(network storage technologies)、虚拟化(virtualization)、负载均衡(load balance)等传统计算机技术和网络技术发展融合的产物。它旨在通过网络把多个成本相对较低的计算实体整合成一个具有强大计算能力的完美系统，并借助 SaaS(software as a service，软件即服务)、PaaS(platform as a service，平台即服务)、IaaS(infrastructure as a service，基础设施即服务)、MSP(management service provider，管理服务供应商)等先进的商业模式把强大的计算能力分布到终端用户手中。云计算的一个核心理念就是通过不断提高“云”的处理能力，减少用户终端的处理负担，从而使用户终端简化成一个单纯的输入/输出设备，并能按需享受“云”的强大计算处理能力。云计算的核心思想是将大量用网络连接的计算资源统一管理和调度，构成一个计算资源池按需为用户服务。

### 10.1.1　云计算定义

云计算是由位于网络中央的一组服务器把其计算、存储、数据等资源以服务的形式提供给请求者，以完成信息处理任务的方法和过程。在此过程中，被服务者只是提供需求并获取服务结果，对于需求被服务的过程并不知情。

云计算将庞大的计算处理任务自动分拆成多个较小的子任务，然后把这些任务分配给由多部网络服务器所组成的系统进行处理并将处理结果返回给用户。利用这项技术，可以在很短的时间内完成极为复杂的信息处理，实现和“超级计算机”同样强大效能的网络服务。

云计算也可以指一种商业概念，其含义是将网络中的服务器作为一种共享的资源，用户可以随时获取、按需使用这些资源。云计算也可以轻松实现不同设备间的数据与应用共享。过去的互联网中只有信息是共享资源，而云计算的目标是让网络中的某些功能强大的服务器被用户共享。

### 10.1.2　云计算的核心思想

云计算的核心思想是将大量用网络连接的计算资源统一管理和调度，构成一个计算资源池，使用户能够按需获取计算力、存储空间和信息服务。提供资源的网络被称为“云”。“云”中的资源在使用者看来是可以无限扩展的，并且可以随时获取，按需使用，随时扩展，按使用量付费。“云”是一些可以自我维护和管理的虚拟计算资源，通常是一些大型服务器集群，包括计算服务器、存储服务器和宽带资源等。云计算将计算资源集中起来，并通过专门软件实现自动管理，无须人为参与。用户可以动态申请部分资源，支持各种应用程序的运转，无须为烦琐的细节而烦恼，能够更加专注于自己的业务，有利于提高效率、降低成本和技术创新。

用户不必关心“云”内部的结构，只关心它的输入和输出，这和传统意义上清晰的网络结构是不同的，所以使用了“云”这样一个形象的称呼，好似一团混沌，又有些缥缈，但又是真实存在的，切实可用的。有人打了个比方：这就好比从古老的单台发电机模式转向了电厂集中供电的模式。它意味着计算能力也可以作为一种商品进行流通，就像煤气、水电一样，取用方便，费用低廉，最大的不同在于，它是通过互联网进行传输的。

### 10.1.3　云计算的特点

(1) 规模巨大和可扩展性

云计算提供了大规模的计算和存储能力，可以根据需求快速扩展或缩减资源。

(2) 虚拟化

云计算采用虚拟化技术，将物理资源转化为虚拟资源池，实现了资源的统一管理和灵活调度。

(3) 高可靠性和容错性

云计算采用多副本容错架构和数据多副本存储等技术，保证了数据的高可靠性和系统的容错性。

(4) 按需服务

云计算是一个庞大的资源池，用户可以根据自己的需求，自助申请所需的资源，无须管理和维护底层基础设施。

(5) 跨平台和移动性

云计算提供了跨平台和移动性的服务，用户可以在任何设备上使用云服务，不受设备限制。

## 10.2　云计算的服务模式和部署模式

云计算有三种服务模式：基础设施即服务、平台即服务和软件即服务。

1. 基础设施即服务(IaaS)

图 10-1 展示了 IaaS 模式的基本架构，该服务模式将基础设施，包括处理能力、存储、网络和其他计算资源，作为一种服务提供给用户使用，使后者可以在其上部署和运行包括操作系统和应用在内的任意软件。消费者能掌控操作系统、存储空间、已部署的应用程序及网络组件(如防火墙、负载平衡器等)，但并不掌控云基础架构。常见的产品有 Amazon EC2、Rackspace。

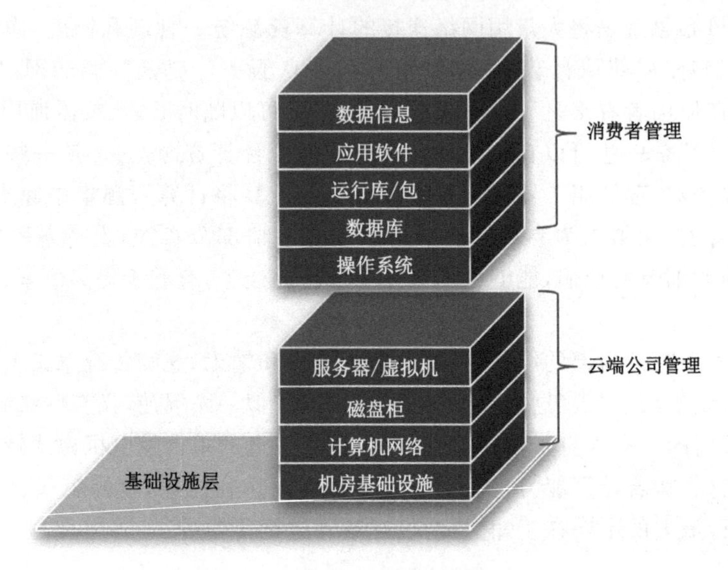


图 10-1 IaaS 模式的基本架构

2. 平台即服务(PaaS)

图 10-2 展示了 PaaS 模式的基本架构，该服务模式将支撑平台，包括编程语言、操作系统和软件工具，作为一种服务提供给用户使用，使后者能把自己获取或创建的应用部署到该平台上。消费者掌控运作应用程序的环境(也拥有主机部分掌控权)，但并不掌控操作系统、硬件和运作的网络基础架构。比较著名的 PaaS 平台有 Google App Engine、Windows Azure 等。

3. 软件即服务(SaaS)

图 10-3 展示了 SaaS 模式的基本架构，这是一种通过互联网提供软件的模式。用户不必购买软件，而向提供商租用软件，且无须对软件进行维护，服务提供商会全责管理和维护软件。消费者使用应用程序，但并不掌控操作系统、硬件和运作的网络基础架构。比较知名的服务商有 Salesforce、阿里云、华为云等。

云计算有四种部署模型:公用云、私有云、社会云和混合云。

1. 公用云

公用云(public cloud)是第三方服务供应者提供给一般公众或大型产业集体使用的云端基础设施，“公用”一词并不一定代表完全免费，公用云并不表示用户数据可供任何人查看，公用云供应者通常会对用户实施使用访问控制机制，公用云作为解决方案，既有弹性，又具有成本效益。

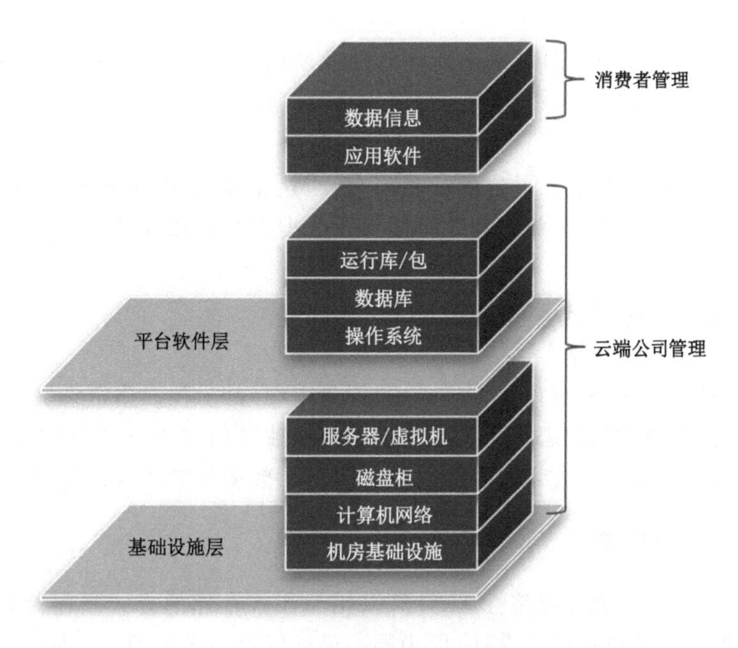


图 10-2　PaaS 模式的基本架构

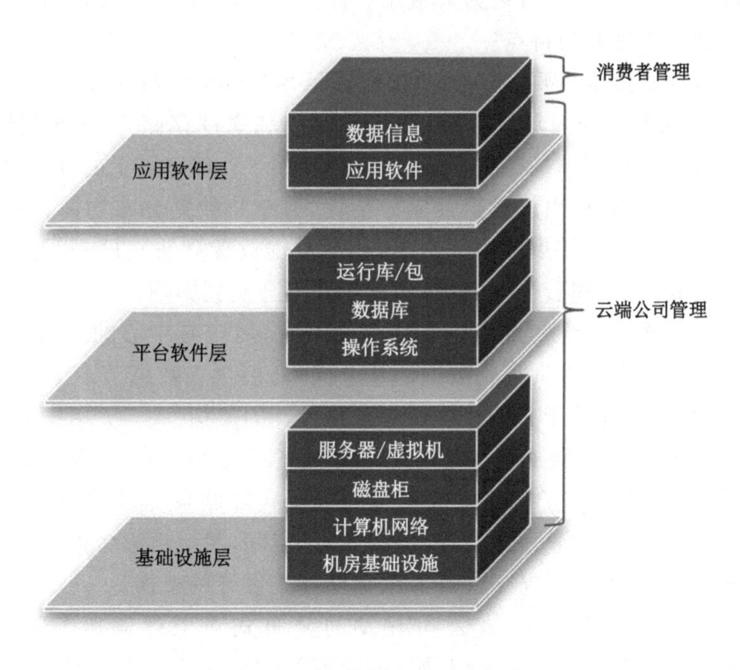


图 10-3　SaaS 模式的基本架构

2. 私有云

私有云(private cloud)是为一个客户单独使用而构建的,因而提供对数据、安全性和服务质量的最有效控制。私有云可部署在企业数据中心的防火墙内,也可以部署在一个安全的主机托管场所。私有云极大地保障了安全问题,目前有些企业已经开始构建自己的私有云。

3. 社区云

社区云(community cloud)由特定社区掌控及使用,该社区由具有共同关切(如特定安全要求、共同宗旨等)的多个组织组成。社区成员共同使用云数据及应用程序。

4. 混合云

混合云(hybrid cloud)融合了公用云和私有云,这个模式中,用户通常将非企业关键信息外包,并在公用云上处理,但将企业关键服务及数据存放在私有云中。

# 10.3 云计算的关键技术

云计算是一种新型的超级计算方式,以数据为中心,是一种数据密集型的超级计算。它在数据存储、数据管理、编程模式等多方面具有自身独特的技术,同时涉及众多其他技术。下面主要介绍云计算特有的技术,包括数据存储技术、数据管理技术、编程模型等。

## 10.3.1 数据存储技术

为保证高可用、高可靠和经济性,云计算采用分布式存储的方式来存储数据,采用冗余存储的方式来保证存储数据的可靠性,即为同一份数据存储多个副本。另外,云计算系统需要同时满足大量用户的需求,并行地为大量用户提供服务。因此,云计算的数据存储技术必须具有高吞吐率和高传输率的特点。

云计算的数据存储技术主要有 Ceph、GFS、HDFS、Swift、Lustre 等。

(1) Ceph 根据场景可分为对象存储、块设备存储和文件存储。Ceph 相比其他分布式存储技术,其优势在于:它不单是存储,同时还充分利用了存储节点上的计算能力,在存储每一个数据时,都会通过计算得出该数据存储的位置,尽量将数据分布均衡。同时,由于采用了 CRUSH 算法(可控的、可扩展的、分布式的副本数据放置算法)、Hash(哈希算法),Ceph 不存在传统的单点故障,且随着规模的扩大,性能并不会受到影响。

(2) GFS 是基于文件系统实现的分布式存储系统,属于有中心的分布式架构;GFS 通过对中心节点元数据的索引查询得到数据地址空间,然后再去数据节点上查询数据本身的机制来完成数据的读写;是基于文件数据存储场景设计的架构。

(3) HDFS 是基于 GFS 做了一些改进之后形成的一套技术体系,因此,其架构原理与 GFS 基本类似。同样,它是基于文件系统实现的分布式存储系统,属于有中心的分布式架构;通过对中心节点元数据的索引查询得到数据地址空间,然后再去数据节点上查询数据本身的机制来完成数据的读写;是基于文件数据存储场景设计的架构。

(4) Swift 最初是由 Rackspace 公司开发的分布式对象存储服务,2010 年贡献给 OpenStack 开源社区。Swift 采用完全对称、面向资源的分布式系统架构设计,所有组件都可扩展,可以避免因单点失效而影响整个系统的可用性。

(5) Lustre 是基于 Linux 平台的开源集群(并行)文件系统,最早于 1999 年由彼得·布拉姆创建的集群文件系统公司(Cluster File Systems Inc.)开始研发,后由 HP、Intel、Cluster File System 公司和美国能源部联合开发,2003 年正式开源,主要用于 HPC(high-performance computing,高性能计算)领域。

表 10-1 对云计算的主流分布式存储技术进行了对比总结。云计算的数据存储技术未

来的发展将集中在超大规模的数据存储、数据加密和安全性保证以及继续提高 I/O 速率等方面。

**表 10-1　云计算的主流分布式存储技术对比**

| 存储技术 | Ceph | GFS | HDFS | Swift | Lustre |
| --- | --- | --- | --- | --- | --- |
| 开源属性 | 开源 | 闭源 | 开源 | 开源 | 开源 |
| 系统架构 | 去中心化 | 中心化 | 中心化 | 去中心化 | 中心化 |
| 数据存储方式 | 块/文件/对象 | 文件 | 文件 | 对象 | 文件 |
| 元数据节点个数 | 多个 | 单个 | 单个 | 多个 | 单个 |
| 数据冗余 | 多副本/纠删码 | 多副本/纠删码 | 多副本/纠删码 | 多副本/纠删码 | 无 |
| 数据一致性 | 强一致性 | 最终一致性 | 过程一致性 | 弱一致性 | 无 |
| 分块大小 | 4 MB | 64 MB | 128 MB | 视对象大小 | 1 MB |
| 适用场景 | 频繁读写 | 大文件连续读写 | 大数据 | 云对象存储 | HPC 超算 |

### 10.3.2　数据管理技术

云计算系统通过对大数据集进行处理、分析向用户提供高效的服务。因此，云计算的数据管理技术必须能够高效地管理大数据集。同时，如何在规模巨大的数据中找到特定的数据，也是云计算数据管理技术必须解决的问题。云计算的特点是对海量的数据存储、读取后进行大量的分析，数据的读操作频率远大于数据的更新频率，云中的数据管理是一种读优化的数据管理。云系统的数据管理往往采用数据库领域中列存储的数据管理模式，将表按列划分后存储。云计算的数据管理技术中最著名的是谷歌设计的 BigTable 数据管理技术。

由于采用列存储的方式管理数据，如何提高数据的更新速率以及进一步提高随机读速率是未来的数据管理技术必须解决的问题。

### 10.3.3　编程模型

为了使用户能更轻松地享受云计算带来的服务，让用户能利用编程模型编写简单的程序来实现特定的目的，云计算上的编程模型必须十分简单，必须保证后台复杂的并行执行和任务调度向用户和编程人员透明。云计算大部分采用 MapReduce 编程模型。现在大部分 IT 厂商提出的云计划中采用的编程模型，都是基于 MapReduce 的思想开发的编程工具。

MapReduce 不仅仅是一种编程模型，同时也是一种高效的任务调度模型。该编程模型不仅适用于云计算，在多核和多处理器、单元处理器以及异构机群上同样有良好的性能。MapReduce 是一种处理和产生大规模数据集的编程模型，程序员在 Map 函数中指定对各分块数据的处理过程，在 Reduce 函数中指定如何对分块数据处理的中间结果进行归约，用户只需要指定 Map 和 Reduce 函数来编写分布式的并行程序。当在集群上运行 MapReduce 程序时，程序员不需要关心如何将输入的数据分块、分配和调度，同时系统还将处理集群内节点失败以及节点间通信的管理等。该编程模型仅适用于编写任务内部松耦合、能够高度并行化的程序。如何改进该编程模式，使程序员能够轻松地编写紧耦合的程序，运行时能高效地调度和执行任务，是 MapReduce 编程模型未来的发展方向。

# 10.4　云计算在中国

从2008年开始，中国云计算行业从基础出发，加速追赶。虽然同世界数字经济大国、强国相比，我国数字经济仍有差距，但是在云计算领域已经取得了相当出色的成绩。我国云计算产业近年来年增速超过30％，是全球增速最快的市场之一。尤其是2020年以来，远程办公、在线教育、网络会议等需求进一步推动了云计算市场的快速发展。云计算正逐渐成为赋能数字经济的数智创新平台，成为数字经济的基础设施。

云计算作为数字经济的底座，在我国已历经十多年的发展，在技术创新、产品能力方面也取得了长足的进步。基础设施即新型数据中心是云计算的硬件资源依托，数据中心之内，云计算的核心壁垒是把数百万台服务器变成一台超级计算机的"操作系统"，这是云计算的底层架构，是提供云服务产品的基础。硬件资源和操作系统部署完备之后，则要向上生长应用，将云计算的能力落地实际的生产生活之中。应用的开发和部署有赖于完备的PaaS层软件体系，以视频会议为例，强大的编解码能力、音视频传输能力等，使位于世界各地的人们通过视频软件能够实现实时的视频通话。除此之外，人工智能技术也越来越多地影响着人们的生产和生活，为云计算的发展注入了新活力，比如在偏远地区使用无人机搭载的智能巡检系统，可以有效地代替人工，发现电力电路系统中的潜在隐患。当下云计算对于各个行业的数字化转型变革正在发挥越来越大的作用，在政府服务、金融、医疗、能源电力等领域，云计算这个数字经济的代表正在和实体经济融合为一体。当然，这一切都离不开安全可靠的环境支撑，数据安全、信息安全、云计算基础设施的高可用和稳定是所有应用得以稳定运行的基础。

图10-4所示为2022年中国云计算厂商技术创新活力，从基础设施、基础架构及产品、PaaS层软件、智能化、行业理解能力和安全可靠六个方面分析了中国云计算厂商技术创新活力。

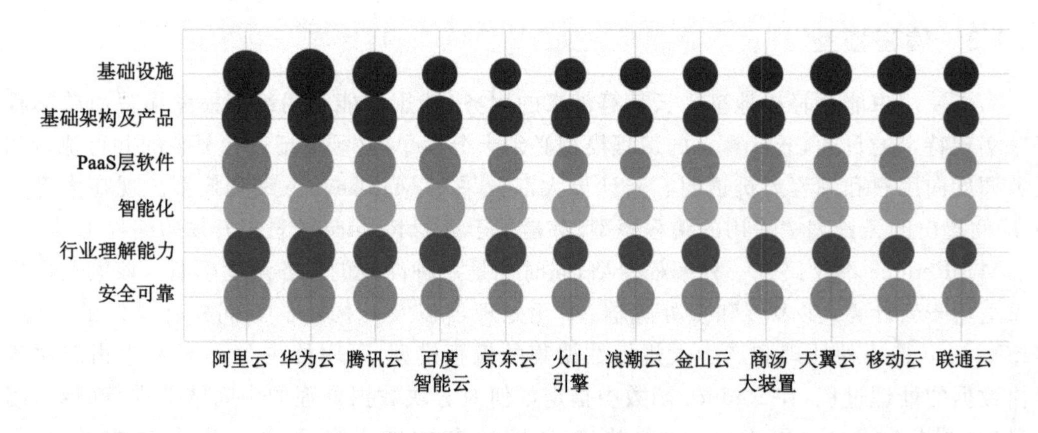


图10-4　2022年中国云计算厂商技术创新活力

1. 在基础设施能力方面

在基础设施能力方面，华为云、阿里云、腾讯云等中国云厂商整体处于第一梯队。目前，云厂商的大型数据中心正在向着新型数据中心演进，以支撑经济社会数字转型、智能升级、融合创新为导向，并实现了与网络和云计算的高度融合。另一方面，政务云、行业云等非公有云业务的数据中心也发展得越来越成熟。各个云厂商在数据中心的绿色低碳方面的投入也在逐渐增加。

目前，华为云已经在贵州、乌兰察布、芜湖建设了百万服务器规模的云数据中心，全面布局东数西算，数据中心电源使用效率(power usage effectiveness，PUE)最低至1.09，参考华为云贵州的数据中心满负荷运行的情况下，每年可节省电力10亿kW·h，减少碳排放81万吨。

2. 在基础架构及产品能力方面

在基础架构及产品能力方面，阿里云、华为云、腾讯云、百度智能云整体处于第一梯队。云计算基础架构是在计算环境中协同使用各个技术的基础，在虚拟化技术的加持下高达数十万台甚至上百万台服务器资源得以池化、统一调度并对外提供服务。计算、存储、网络等基础云计算产品的形态及功能也越来越丰富。擎天架构是华为历经10年打造的，并将其全面应用于华为云、华为云Stack、华为云边缘，为客户提供云边端全场景真正的一致体验、一致生态。华为目前正在擎天软硬卸载技术以及高速互联技术等驱动算力“从单一算力(Intel/GPU)→多元算力(Intel/AMD/鲲鹏/昇腾/GPU)→池化算力技术演进”，打造云上擎天卸载架构。

3. 在PaaS层软件能力方面

在PaaS层软件能力方面，阿里云、华为云整体处于第一梯队。遍布全球的数据中心提供云计算的基础设施，是云服务厂商的底层能力，云原生、大数据、数据库等PaaS层能力，则起到了承上启下的作用，向下兼容了不同的基础设施，向上则支撑起了多种多样的应用。

4. 在智能化能力方面

在智能化能力方面，百度智能云、华为云、阿里云整体处于第一梯队。近年来，异构计算的能力大大增强，基础设施的能力得到了提升，人工智能也从摸索阶段逐渐渗透到各行各业，以云为载体输出人工智能技术，解决了成本和部署的问题。在人工智能自研框架和开发平台(如百度的Paddle、阿里的PAI、华为云的ModelArts、商汤SenseParrots等)、人工智能大模型(如百度文心大模型、华为云盘古大模型、阿里云M6大模型、商汤书生大模型)等方面云厂商的能力也在持续提升。

ModelArts是华为云面向开发者提供的一站式AI开发平台。华为云发起AI生态伙伴计划D-Plan，提供“人”“货”“场”服务——广泛与70多所高校合作，投入200多位算法专家，深入7大行业25个细分场景，与伙伴和开发者一起沉淀5万多个AI资产；昇思(MindSpore)AI框架是业界首个全自动并行的框架，采用端-边-云按需协作分布式架构，原生支持大模型训练，支持AI+科学计算。

5. 在行业方案及技术能力方面

在行业方案及技术能力方面，华为云、阿里云、腾讯云整体处于第一梯队。数字经济和实体经济的融合是大势所趋，在实体经济中找到应用场景，赋能生产力升级，推动各行业完成数字化，通过创新性的技术手段解决行业中数字化转型的难点、痛点，并实现有效落地，是各个云厂商的使命所在。

6. 在安全可靠能力方面

在安全可靠能力方面，华为云、阿里云、腾讯云整体处于第一梯队。“十四五”规划强调了云操作系统迭代升级、弹性计算和云安全技术未来发展的重要性。在云计算产品功能越来越全面和越来越完善的当下，数据安全、数据容灾、系统的高可用性等越来越成为云计算用户关心的重点。

以华为云、阿里云、腾讯云、百度智能云为代表的头部厂商品牌已经广泛被C端（消费者端）、B端（企业端）、G端（政府端）客户人群所认知和认可。浪潮云、金山云等特色厂商品牌独具特色。以华为云为例，华为云品牌印象中有“安全可靠”“持续创新”“优质服务”“政企首选”等标签，获得整体调查问卷优势地位。